アラン・コルバン 編

雨、太陽、風

天候にたいする感性の歴史

小倉孝誠 監訳

小倉孝誠・野田農・足立和彦・高橋愛 訳

藤原書店

1　ジロデ《ノアの大洪水の一場面》、1806 年
西洋のルネサンス期や近代の画家は、雨の光景そのものを描くのではなく、聖書の『創世記』に記されているノアの大洪水の物語にもとづきながら、雨がもたらす洪水の被害をしばしば描いた。（パリ、ルーヴル美術館）【19 頁を参照】

歌川広重《大はしあたけの夕立》、1857 年（左）**とゴッホ《雨の日の橋》、1877 年**（右）
米に比べると、日本美術には雨の風景を描いた作品が多く、その繊細な表現は数多の西洋画家を魅了した。広重を模写したゴッホはその一人である。（アムステルダム、ッホ美術館）**【24 頁を参照】**

3　ニコラ・ド・ラルジリエール《雨乞いをする聖ジュヌヴィエーヴ》、1695 年
1694 年の大旱魃に際して、国王ルイ 14 世が臨席するなか、カトリック教会が主導して雨乞いの儀式が行なわれた。（パリ、サン＝テチエンヌ＝デュ＝モン教会）【35 頁を参照】

4　ジャン＝ジャック・ルクー《5月の影響》、1785年頃
ルクーはフランス革命期の建築家・素描画家であり、建築における実作はほとんど知られていないが、数多くの建築計画案を遺した一方で、人間の身体の解剖学的で性的なデッサンを多数描いている。（フランス国立図書館）【53-54頁を参照】

5　フランツ・フォン・レンバッハ《羊飼いの少年》、1860 年

レンバッハは世紀末のミュンヘンで人気を博した肖像画家である。美術蒐集家シャッ
伯に認められ、イタリアで身につけた技術を活かして、ビスマルクの肖像など、当時
著名人の肖像画を多数制作した。（ミュンヘン、シャック・ギャラリー）【66 頁を参照

6　フランソワ・ナルディ《トゥーロン錨泊中の艦隊、ミストラルの影響》、19 世紀末
ース生まれの画家ナルディは南仏の港や海洋の風景を描いた。この作品ではトゥーロ
沖に停泊する軍艦を描きながら、画面手前の白い波頭によって南仏特有の風であるミ
トラルを作中に取り込むことに画家は意を注いでいる。（フランス・国立海軍博物館）
8-89 頁を参照】

7　クロード・モネ《ベル＝イル海岸沖の嵐》、1886 年

1880 年代前半の南仏風景連作による成功の後、モネはブルターニュの荒海の海岸風
に取り組んだ。これらの風景画の中では、地中海の明るく穏やかな気候とは対照的
強い風に吹きつけられ、力強くうねる波が描かれている。（パリ、オルセー美術館）【
頁を参照】

8 『ラングドック地方の民話』、1995 年（左）、
および『ガスコーニュ地方の民話』、1996 年（右）

ランス南西部トゥールーズの児童書出版社による「民話の千年」のシリーズには、フ
ンス各地の民話が収録されており、伝統的な民話作品の中に土地ごとの風景や気候が
景として描きこまれている。（トゥールーズ、ミラン社）【84-85 頁を参照】

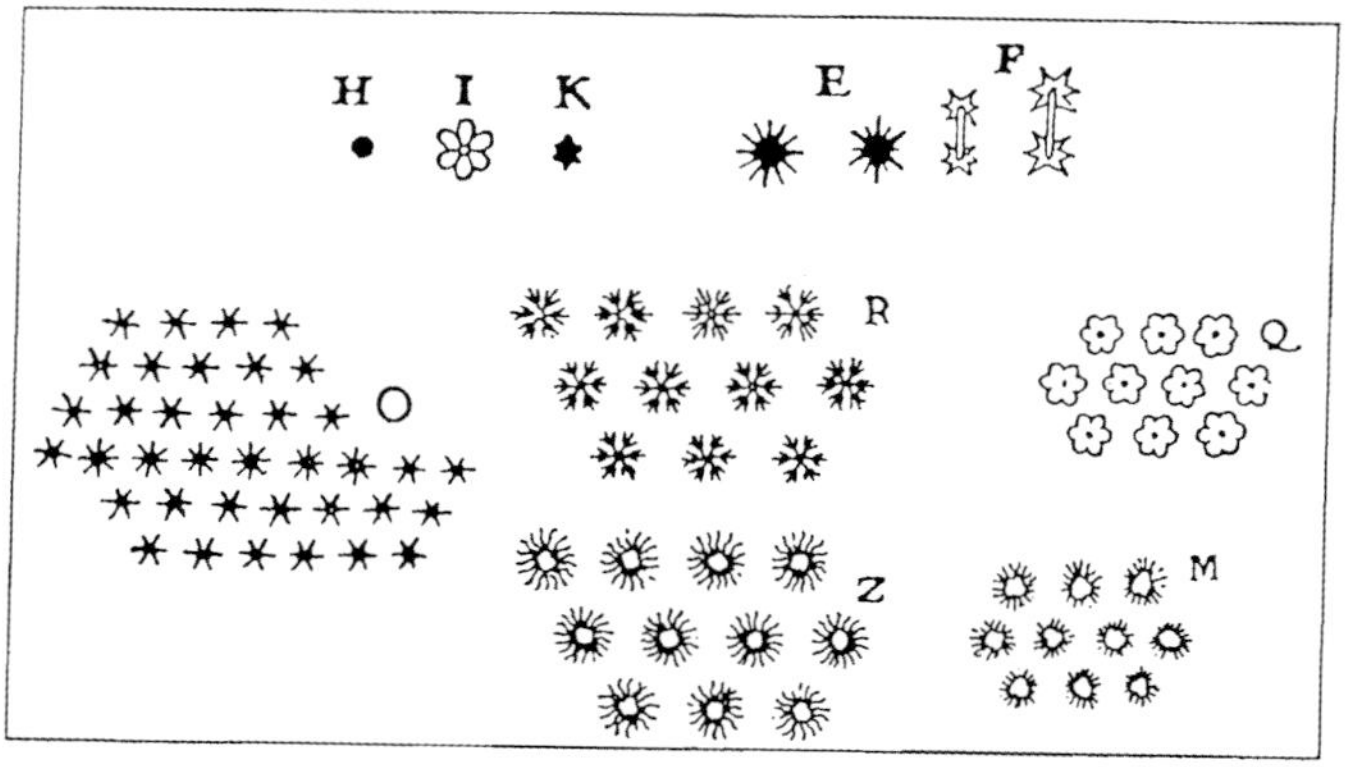

9 ルネ・デカルト『気象学』のなかの雪片のデッサン、1637 年
世紀、科学者は雪に関心を向け、構造や性質を研究した。デカルトは 1635 年 2 月に
ムステルダムで雪が降った際、雪の結晶を肉眼で観察し、その形状を描いている。【119
を参照】

10　老ブリューゲル《雪中の東方三賢王の礼拝》、1567 年

フランドルの画家ピーテル・ブリューゲルは雪景色を最初に描いた画家のひとりとして知られる。聖母子の姿は左隅にひっそりと描かれ、雪の舞うなかを寒そうに歩く人や、水を汲む人、そりで遊ぶ子どもの姿などが見える。（ヴィンタートゥール、オスカー・ラインハルト美術館）【122-123 頁を参照】

11　カスパー・ダーヴィト・フリードリヒ《雲海の上の旅人》、1818 年
ドイツ・ロマン派を代表するフリードリヒは「風景における悲劇の発見者」と呼ばれ、北ドイツの荒涼とした光景を憧憬や悲哀などの感情を込めて描いた。（ハンブルク、ハンブルク美術館）【160 頁を参照】

12　クロード・モネ《ロンドン国会議事堂、霧の効果》、1903 年（上）**と《ロンドン国会議事堂、霧の中に差す陽光》、1904 年**（下）

ロンドン滞在中のモネはウォータールー橋やチャリング・クロス橋、そして国会議事堂を描いた。同一の対象が、異なる時間、異なる気象条件のもとで違った姿を見せている。（ル・アーヴル、アンドレ・マルロー現代美術館、パリ、オルセー美術館）【160 頁を参照】

13　ニコラ・プーサン《雷雨、雷に打たれた木の風景》、1651年

ーサンは、落雷にみる光の効果や大気の変化、木や茂みへの影響を自然に基づき、現
に即して描くことにこだわった。この画家が雷雨へ向けた特別な関心がわかる。（ルー
ン美術館）【185頁を参照】

14　フィリップ・ジェイムズ・ド・ラウザーバーグ《雷雨に遭う旅人》、18 世紀末
フランスで画家としての名声を得ていたラウザーバーグは、1781 年からロンドンで
イドフュージコンを始め、自然現象をスペクタクル化し、とくに強烈な稲光と雷鳴の
景で人気を博した。（レンヌ美術館）【189-190 頁を参照】

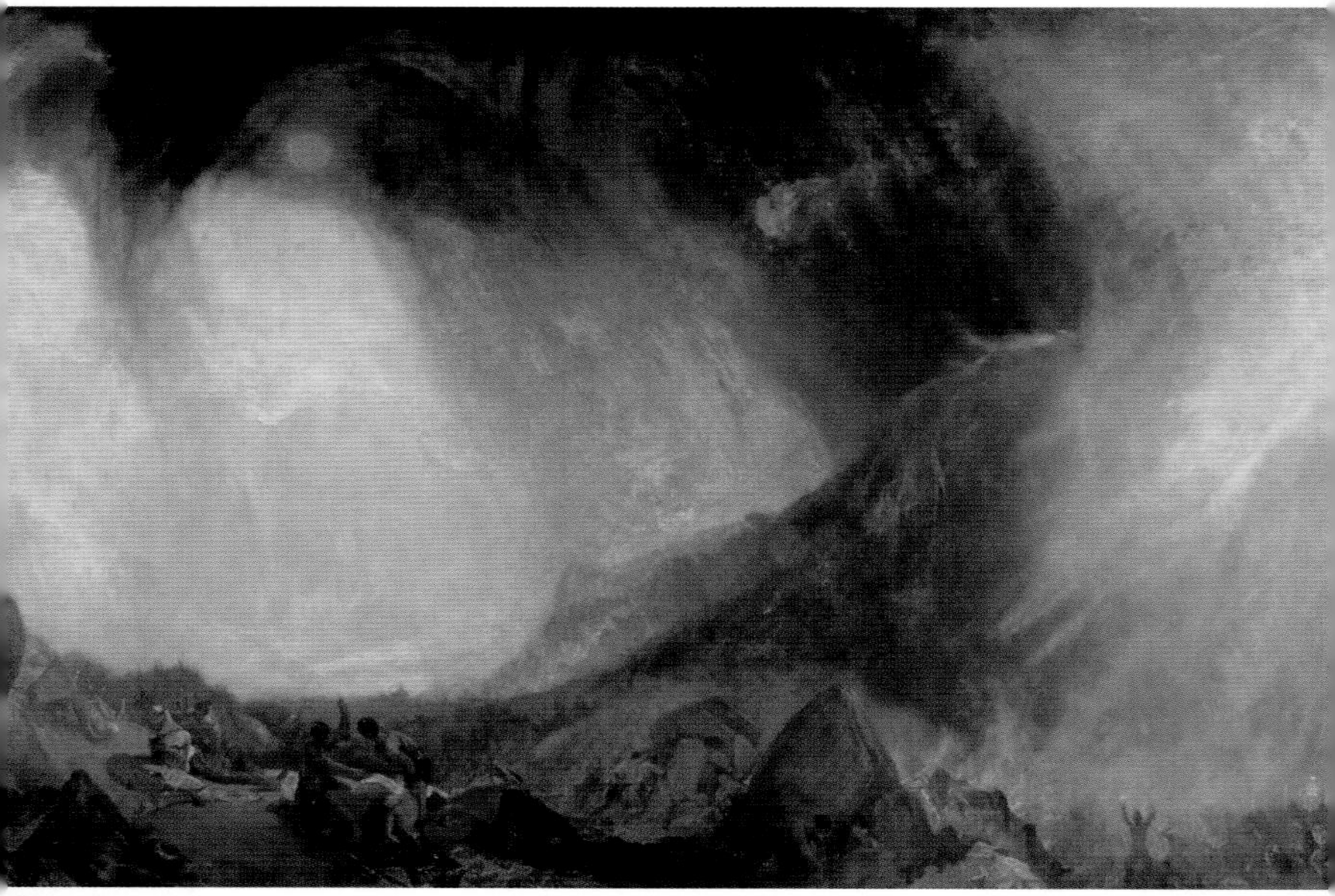

15　ジョゼフ・マロード・ウィリアム・ターナー
《吹雪、アルプスを越えるハンニバルとその軍勢》、1812 年

マン派の画家ターナーは、人間を押し潰す破壊力をもつ自然現象の脅威を吹雪、雪崩、
、雷を通じて荒々しく描いた。（ロンドン、テート・ギャラリー）【190 頁を参照】

16　アルブレヒト・デューラー《メレンコリア・I》、1514 年

古代ギリシアの医学における四性論は、人間の身体に血液、胆汁、粘液、黒胆汁の四つの体液が流れ、黒胆汁が多いと憂鬱質になるとした。それはルネサンス期に秋や冷たく乾いた大地等と結びついた。【221 頁を参照】

17　カール・ラーション《ルチア祭》、1908 年
ウェーデンの画家ラーションは、画集『日向に』で 12 月 13 日に聖ルチアの日を祝う
族の様子を伝えた。頭にロウソクの花冠を載せた年長の娘と白いドレス姿の子が黄金
の特別なパンとコーヒーを両親のもとへ運び、暗い冬の朝に光と温もりを与えてい
【230 頁を参照】

序文

気象学と、十七世紀以来その発展を可能にしたあらゆる記録方法については、豊かな歴史学が存在する。気候についても見事な歴史学が存在する。今では、遠い昔にまで遡って天気の変動を一年単位であとづけられる。小氷河期、一七〇九年の大寒波、その他多くの出来事はよく知られている。他方で、数多くの人類学者が十九世紀末以来、旱魃や雹や雷雨がひきおこす集団的態度と儀礼行為を記述し、注釈してきた。

しかし雨、雪、霧、風に遭遇した人間が覚える感情はまだ研究されていない。このような天候の変化に敏感な気象学的な自我は、歴史のどの時期に出現したのだろうか。そうした天候の変化を感じる様式は、時代とともにどの程度まで変わったのだろうか。大気現象が生じさせる関心、表象、欲望、快楽、嫌悪のあり方はどのように変化したのだろうか。現代では、そのあり方は日常的に天気を知りたいという欲求となり、ときには文字どおり精神医学的な混乱にまで至る。

本書の縦糸をなすのは、こうした感情と、その激しさの変化の歴史にほかならない。大気現象をめぐるこの散策があまり単調にならないように、それぞれの専門家が自由にペンを執り、大気現象の各要素を自分なりに論じていることが分かるだろう。それらの要素の集合が、天候にたいする感性の歴史の基礎になるのだ。

アラン・コルバン
（小倉孝誠訳）

雨、太陽、風

目次

雨、太陽、風

——天候にたいする感性の歴史

凡例

一　訳注は〔　〕で本文中に記した。長いものは＊を付して段落末に配した。

一　著者自身による引用文の中略は［…］で示した。

一　人名、日付などの明らかな誤記、誤植は訳者の判断で訂正しておいた。その点は本文中でそのつど明記はしていない。

一　原著にはモノクロの図版や写真が付いており、それらは本訳書においても該当箇所に収めた（一部はカラー口絵に移した）。カラー口絵は原著にはないが、本文で言及されている作品や、主題的に関連のある図版を収めた。

第1章　雨の下で

アラン・コルバン

十八世紀末、気象にたいする人間の感性が鋭くなり、手紙を書くひとや日記作家の魂に大気現象が及ぼす影響を語るために、ひとつのレトリックが形成され、洗練されていった。雨の歴史については、気象への感性が研ぎ澄まされたこの時代に、人間がどのように雨を望み、知覚し、感じ、さらには非難したのか、そのやり方を分析するところから始めよう。この時代は重要な分岐点であり、それによってその「前」と「後」を区別できるからである。

ベルナルダン・ド・サン＝ピエール〔フランスの作家、一七三七―一八一四〕が一七八四年の『自然の研究』のなかで雨について語ることを聞いてみよう。逆説的なことに、この先駆的な著作は雨と「悪天候」がもたらす快楽を強調しており、作者はそれを憂鬱感が生じさせる快楽と結びつけている。ベルナルダン・ド・サン＝ピエールはまず次のように述べる。雨を「快く」味わうためには、「散策、訪問、狩猟、旅などの計画[1]」を練ってはならない。なぜなら、こうしたものは雨のせいで「妨げられる」危険があり、それがひとを不機嫌にするからだ。

著者によれば、この場合に雨を楽しむためには、「この雨はいつまでも止まない」と思ったりしないこともたいせつだ。あらゆる季節の調子が狂っている、自然の秩序が失われたとくどくど繰り返してはならないし、「雨に濡れたひとが陥る悲観的な考えに身をゆだねる」ことは避けるべきである。要するに雨を味わうためには、「われわれの魂が旅し、肉体は休息」しなければならない。

ベルナルダン・ド・サン＝ピエールから見て、この快楽はどのようなものなのだろうか。彼は次のように書いている。「たとえばどしゃ降りで、苔むした古い壁にそって雨水が流れるのを目にし、雨音にまじる風のつぶやきを聞くとき、私は悦びを感じる。この憂いに満ちた音は、夜のあいだ私を穏やかで深い眠りへといざなう」〔傍点はコルバン〕。

古代文化に精通した人間として、ベルナルダン・ド・サン＝ピエールは次のような逸話を想起する。プリニウスによれば、あるローマの執政官は「雨の日に樹木の生い繁った葉叢の下にベッドを据えさせた。雨の滴の音を聞き、そのささやきに耳を澄ませながら寝入るためだったという」。

『自然の研究』の著者は分析をさらに進めて、三つの快楽について述べる。第一の快楽は身体に関係する。「悪天候のとき、人間は悲惨だという私の感覚は和らぐ。雨が降っても私は守られているし、風が吹いても暖かいベッドにいることを自覚するからだ。こうして私は消極的な幸福を享受する」。

第二の快楽はより厳密に魂にかかわる。風を伴う雨は「無限の広がり」という印象をもたらす。そしてこの著者が書くときは今や周知のことだが、雨は遠くからやって来る。おそらく雨はタタール地方の植物にまで恵みをもたらすだろうし、結局のところそれは快い考えである。要するに、雨はひとの魂に旅をさせる。そしてベルナルダン・ド・サン＝ピエールは次のように書く。「私の知性のこの旅は、魂にその性質にふさわしい広がりをもたらす」。他方、身体のほうは「休息を好み、より穏やかで、守られている」。

しかし著者によれば、雨天がもたらす感覚がもうひとつある。「そのとき自然はやさしい友人のように、私の状況に寄り添ってくれるように思われる」。この憂愁のなかで、ベルナルダンはすでに何度も使われた隠喩、つまり雨と涙を結びつける隠喩を持ちだす。彼に言わせれば、涙はエロスに通じるのだ。「雨が降ると、美しい女が泣いている姿を見ているような気になる。女は悲しみが深いほどいっそう美しく思われる」。

雨の色

当時雨が感覚にもたらす快い影響を詳述したのは、ベルナルダン・ド・サン゠ピエールだけではない。作家ジュベール〔一七五四―一八二四〕は、一七七九年から一七八三年に書かれた『手帖』のなかで、画家ヴァランシエンヌ〔一七五〇―一八一九、風景画で有名〕は弟子のために書いた教本のなかで、まなざしの快楽を重視している。雨は自然の諸要素に色彩を添え、思いがけない美を付与する。ひとはその美を楽しむのだ。

雨のおかげで身体はより注意深く、瞑想的になり、物音や、色のニュアンスや、ものが身体にもたらす印象にたいしてより敏感になる。その経緯をジュベール以上に感じさせてくれた者はいない。

雨が降っているあいだは辺りが薄暗くなって、周りのものがいくらか大きく見える。また雨が降ると、われわれのからだがそれに適応しようとしてある種の瞑想へといざなわれ、それが人間の魂をはるかに感じやすくする。雨音は［…］絶えず耳をうち、人間の注意力を覚醒させ、研ぎすませる。湿気が城壁や、木々や、岩山にもたらす褐色がかった色合が、そうしたものによって生みだされる印象をいっそう強める。孤独と、それが旅人の周囲にもたらす静けさは動物と人間を沈黙させ、避難させるので、しまいには旅人にとってさまざまな印象がより鮮明となる。外套にくるまり、頭を何かで被い、人気のない小道を歩む旅人はあらゆることに驚かされる。旅人の目と想像力には、すべてが拡大されて見えるのだ。小川の流れは激しくなり、草はより深く、鉱物はよりはっきり目につく。空はより大地に近く見え、あらゆるものが狭い地平線に閉じこめられて、より大きく、雄大なものに見えてくる。(2)

他方ヴァランシエンヌは、雨が自然界のものに輝きをあたえると書き記している。ただしこの輝きはすぐには表われない。それを捉え、享受するためには、そして木々の樹皮と枝が乾き、湿気のせいで黒味がかってくすんだ色合いを失うための時間を木々にあたえるためには、少し待たねばならない。一時間経てば「そのときがやって来る」――ヴァランシエンヌの記述においてこれは根本的な考えである。

雨の事後的な効果によって、「それまで元気なくしおれていた葉が茎からぴんと伸び、さわやかできらきらした緑色になる［…］。苔と芝がエメラルド色を取り戻す(3)」。中世以来強調されてきた快楽だが、雨の後、鳥たちはいっそう元気になって囀り始める。

同じ頃、ウィリアム・ギルピン牧師〔イギリスの聖職者、作家、画家、一七二四―一八〇四〕の著作では、雨の肯定的影響の分析が少し異なる。衆目の見るところ、ギルピンはピクチャレスクな美の規範を練りあげたひとの一人である。彼の主要な体験のひとつであるワイ川〔イギリス南西部を流れる川〕沿いの旅のあいだ、牧師の「ピクチャレスクなまなざし」は、降る雨の肯定的であると同時に否定的な役割を見出した。彼は次のように記している。

雨はこれらの風景に陰鬱な気高さをもたらした。川の離れた岸辺を薄暗いヴェールのように覆うことで、雨はときどき快い遠景感を生み出していた。しかし、もっともすぐれた美しさもまた隠されていた。全体の風景を輝かしいものにしてくれたであろう鮮やかな光や深い陰影が失われたことを、われわれは惜しむしかなかった。(4)

大地の詩

赤道地帯や熱帯地方で降る雨が感覚にもたらす影響を調べれば、あまりに長い話になるだろう。その影響は当時の探検家や単なる旅行者が報告しているもので、彼らは歴史家バーバラ・スタフォードがまさに「実体への旅」(5)と形容したことを、驚きをもって実践したのだった。そこでは雨が、それまで感じとられたことのない形式と強度を帯びている。植物への影響だけをみてもそれが言える。コルコバード〔ブラジル、リオデジャネイロにある丘〕を取り囲む森で雷雨に遭遇したダーウィンは、そのときの雨音が驚くべき性質のものだったと述べている。樹木の葉に降りかかる雨滴が「独特の音を立て、四分の一マイル離れたところでもその音が耳に届いた。それは激流が立てる音に似ていた」[6]。

その後しばらくして、ヘンリー・デイヴィッド・ソロー〔アメリカの作家、一八一七―六二〕もまた雨を讃える。アメリカの超越主義支持者たちが語る感情と一致するような新たな感情にもとづいて、ソローはみずからの悦びの大きさを誇張してみせる。ピエール・アドが記すところによれば、ソローは雨滴のなかに「無限で想像しがたい善意」[7]を認めた。「雨が草にとっていいのなら、私にとってもいいのだ」と、彼は『ウォールデン　森の生活』に書いている。世界の全体性のなかに没入し、かつてストア派が感じていた自然の陽気な受容を見出すという感覚が、雨によってもたらされる。彼が一八四八年三月の日記に書き記しているところを読んでみよう。そのページで彼は、雨と、雨をはらんだ雲がもたらす快楽についてじつに鋭い分析を展開してみせる。

現在私の関心を引くものは何だろう？　執拗でしみ込むような雨が藁屋根から流れ落ち、私はと言えば、樹木のない丘の近くで去年のカラス麦の臥所に横たわって、夢想に耽っている。これが私の関心を引くものだ。天から降ってきて私と一体化するあの水晶のような玉を見つめること。雲と、霧雨という暗い天候があらゆるものを閉じこめる一方で、雨と私は接近し、知り合う。収まりつつある風の最後のひと吹きを受けて積み重なる雲、木々の枝と葉から雨が滴り落ちる単調な音、慰めと親密さの印象、ひとが近くを通ると、水滴をしたたらせる濡れた木々と藁屋根、それらを包み、まるで共感のしるしのように寄り添う雨をとおして見えるそのぼんやりした形——これこそ紛れもなく私の領域だ。これこそイギリス流の自然の慰めにほかならない。鳥は濃い葉叢にいだかれているほうがより身近で、親しみがあるし、陽ざしが戻るのを待ちながら止まり木の上で新たに歌を奏でることもできるのだ。[8]

このページで、特殊なかたちの雨がさまざまな感情を誘発している点に注意しよう。つまり執拗でしみ込むような雨、流れ落ちる雨、他の何にもましてあらゆるものを併合し、それゆえ慰めと親密さの感情をもたらす雨である。

アメリカで雨を称揚したのはヘンリー・デイヴィッド・ソローだけではない。ホイットマンもまた、「雨の声」と題する有名な詩を書いた。

> 「お前は誰だ」と、私は穏やかなにわか雨に尋ねた
> 興味深くも、にわか雨は私に返事をくれた
> それを以下に書き記す。
> 私は「大地の詩」だ、と雨の声は言った［…］
> 地球の旱魃と、粒子と、埃に潤いをあたえるために

私は地上に降りてくる
地球では、私なしに存在するものはすべて
潜在的で、まだ生まれていない種子にすぎない
そして私は昼夜を問わず、みずからの起源に永久に新たな生命をあたえる
私は起源〔地球〕を純化し、美しくする
生まれたところから発する歌は、それが実現した後は
あちこちさまよい
ひとがそれを聞こうが聞くまいが、
愛をまとって正しく戻ってくるのだから。(9)

ひどい悲しみ

言うまでもなく、気象学的な自我が構築されたこの世紀、雨の評価様式がすべてこのような称賛へと向かうわけではないし、雨の感じ方はしばしば「悪天候」の概念と結びついて、本質的に否定的であることが通例だ。この感情は、雨に濡れることへの嫌悪感と乾かしたいという欲求の延長線上にあり、このような嫌悪感と欲求は数世紀前から衛生学の指針になっていた。この点に関しては、メーヌ・ド・ビラン〔フランスの哲学者で、その日記が名高い。一七六六—一八二四〕の日記がしばしば

引用される。雨模様になると、この観念学者は気分が悪くなる。とはいえ彼の場合、雨にたいする感情は単なる嫌悪感だけではない。彼は、気象学的な自我を注意深く分析する過程で示唆されていた相関性の網目のなかに、雨がもたらす不快感を取りこむ。そしてその自我は、天候の予想不可能性と変わりやすさがもたらす不安に通じる。[10] 雨の評価に関連する記述は日記作者メーヌ・ド・ビランの魂を締めつける「不安」や、みずからの身体の感覚や、その時々の思考や、思い出や、欲望や、社交生活あるいは職業生活をめぐる問いかけと交じりあう。繰りかえしになるが、そうした錯綜のなかで、雨はたいていの場合否定的に分析されている。

たとえば一八一四年九月、メーヌ・ド・ビランは『日記』のなかに次のように書き記す。[11]「二十日、天気が変わった。二十一日と二十二日はどしゃ降りになった。夏の状況が終わり、秋の状況が始まった。私は変化の影響をこうむり、不安を覚える。胃が弱り、頭が重いが、からだ全体は落ち着いており、肉体的、精神的状態にも顕著な改善が見られる」。ここから分かるように、メーヌ・ド・ビランの場合、雨天が戻ったことの影響は単純には表現できない。

一八一九年二月三日、四日、五日に『日記』で語られている相関性はより明瞭である。冬のさなかの雨の三日間で、気温が穏やかで湿度が高かった。「この数日私は、悲しみ、落胆、困難、そしてほとんど生命感の喪失というつらい状態にあった。とても神経の集中を強いられる。胃が収縮したようになり、消化がむずかしく、考えが緩慢で曖昧だ。世界が消えそうだ」。

これらの記述はすべて、気象と個人の体感の結びつきを示す鮮やかな例である。体感は当時としては目新しい概念で、メーヌ・ド・ビランの関心を引きつけた。いずれにしても、繰りかえしになるが、彼の『日記』[12]においては身体と魂に関する分析がどれほど複雑なものであろうと、雨と湿気――要するに悪天候――は全体として見ればたいてい否定的なニュアンスを伴っている。

スタンダールは雨が大嫌いだった。日記や自伝のなかで彼は「絶えず、永遠に降り続く、意地悪で、卑劣で、おぞましい雨」[13]を激しく非難している。

雨がもたらす感覚的、心理的影響の分析においてかくも偉大なこの十九世紀という時代に、雨の評価をめぐってさまざまな意義深い著作が書かれたわけだが、それらを引用し、分析していたらきりがないだろう。そうなると、それ以前はどうだったのかという問いが浮かぶ。この点では、集団的な評価（これについては後述する）と個人的な評価を区別する必要がある。個人的な評価に関する証言は十八世紀以前にはほとんどない。とはいえ、それが雨にたいする無関心ゆえなのか、この種の感覚と情動を語るためのレトリックが貧困だったからなのかはよく分からない。

ルネサンス期と近代の芸術家の著作が力強く描く雨は、何よりもまず聖書に出てくるノアの大洪水の雨である（口絵1参照）。すなわち竜巻のように出現し、風にさいなまれ、物を呑みこみ、人々を恐怖におとしいれ、夜の悪夢に取り憑く豪雨である。この聖書のイメージの力があまりに強いので、当時のレトリックにおいては雨の穏やかさや、日常性における雨の影響を語る余地はほとんど残されていなかった。

レオナルド・ダ・ヴィンチは『手記』の一ページで、ノアの大洪水の雨を想像している。「斜めに降り、横なぐりの風で押し戻され、埃のように波をなす大雨のせいで、大気が暗くなる。埃との違いは、だらだら落ちてくる雨滴の線が、この豪雨に縞模様を入れることだ」[14]。

研究者たちがこの点で一致して興味深いと強調するのは、十七世紀さなかのセヴィニェ侯爵夫人〔フランスの貴族、書簡作家、一六二六―九六〕の書簡集が示す事例である。したがって、われわれの議論を始めるために喚起した時期よりもずっと以前のことだ。この女性書簡作家の場合、雨の影響に向けられた明らかに先駆的な関心が、単なる記述とは言えない特徴によって規定されている。セヴィニェ侯爵夫人の書簡は、体液医学、とりわけ他の大気現象と同じく雨もまた人間の体液に作用する、と示唆する医学に由来する信念の影響を反映している。

いずれにせよ、侯爵夫人の書簡集が気象学的なものによって貫かれていること、書簡のなかで天候への言及が何百回も出てくることは明らかである。雨をめぐる否定的な含意――それが主たる言及である――は物質的な不便だけでなく、気分への影響にも及ぶ。先に指摘したように、これは十九世紀初頭の日記作者たちにはもはや見られない現象である。

セヴィニェ夫人の書簡集において、雨はまずそれが引き起こす不便さゆえに特筆される[15]。馬車のつつがない進行の障害になるのだ。道沿いにぬかるみと「水溜り」ができる。雨のせいで濡れるし、とりわけ侯爵夫人の「楽しい散歩」の妨げになる、こうして彼女は「雨、風、寒さ、なんともひどい天気だ」と、悪天候の諸要素を並べながら書き記す。

侯爵夫人の手紙には、雨が魂におよぼす影響を論じた記述がすでに現われている。一般に、雨は暗い気分や、「ひどい悲しみ」と結びつけられる。繰りかえすが、侯爵夫人の手紙には、雨と涙の結合というその後ひとつの紋切型となるものが読み取れる。

同じ手紙のなかで、雨のひとつの評価形式がときに社会的儀礼とつなぎ合わされる。雨がもたらす不快感、そしてとりわけそれが引き起こす興奮によって、逆説的にも雨は社交上の楽しみに通じるのだ。とてもひどくなると、雨はそれなりに社会規範を混乱させ、女性の行動に逸脱を許容するのであり、それが刺激的になる。その結果、最後には雨が感覚的な祝祭になってしまうのであり、それは明らかに、このような常軌を逸した事柄を手紙に書き留めるという侯爵夫人の楽しみを強めてくれるのだ。

たとえば一六七一年八月二十三日付の手紙で、彼女は次のように報告している。「雨で私たちはひどく濡れ始めた。やがて衣服から水が流れ出すほど濡れるようになった。木の葉にたちまち穴があき、私たちの衣服に雨がしみ通った。すると皆が駆けだした。叫んだり、転んだり、滑ったりして、ようやく到着した。暖炉でたくさん薪を燃やして、肌着とスカートを換えた。私がすべて調達した。靴を拭いてもらった。抱腹絶倒した(16)」。

雨傘の小さな片隅

われわれの出発点は、雨が自我におよぼす影響を分析した偉大な十九世紀だった。その十九世紀から、いまだほとんど研究されていない大きな変化がしだいに明瞭になる現代に至る時期まで、雨をめぐる評価様式は安定しているように見える。ただし異なるのは、書簡作者と日記作家がかつてより詳細に、雨の種類を正確に記述しようと努めている点である。大部分の場合、雨は厭うべきものとして提示される。ボードレールによれば、雨の都市風景は憂鬱の一要素にほかならない。ヴェルレーヌの作品においては、雨が「憂愁状態《メランコリスム》」と一致する。雨は「灰色にくすんだ風景」と一体化する。それは「冷たい靄《もや》と、薄暗い雲と、銀色がかった雨の混合物」[17]となる。一八七四年に刊行された『言葉なき恋歌』に収められている、「雨のやさしい音」を喚起した詩の一、二篇を、誰もが学校で学んだ記憶があるだろう。

街に雨が降るように
私の心には涙が降る。
私の心に浸みとおる
このけだるさは何だろう。

涙と雨の融合を継続させる常套句が、この詩であらためて持ちだされていることに注意しよう。他方ジュール・ラフォルグ〔フランスの作家、一八六〇―八七〕は次のように書いている。

ギュスターヴ・カイユボット《パリの通り、雨》(1877年)

いまではあらゆるものに倦怠を覚える。
窓のカーテンを開けると
上には、相変わらず雨が走る灰色の空
が見えるだけだ。(18)

確かに、憂鬱、憂愁、倦怠にはそれなりの歴史があるが、雨の評価様式に変化を見出すのは困難である。これらの作品では、雨がこれといった理由もなしに悲しみを助長するのだから。

この点で指摘しておきたいのは、西洋の画家が雲や嵐を描く絵画を好む一方で、十九世紀には、空間を割くような雨の表現にはほとんど執着しなかったということである。ギュスターヴ・カイユボットの作品《パリの通り、雨》(一八七七)では、人々が傘をさし、舗道が濡れていることで、天候を規定するにわか雨が暗示されているにすぎない。要するに、ファン・ゴッホの《雨の日の橋》（一八八七）に着想をあたえた広重の浮世絵に出てくるような雨の、驚くべき存在感を喚起してくれるものは何もないように思われる（口絵2参照）。

雨の評価が肯定的になるためには、今やにわか雨と幸福な出来事、多くの場合官能的な出来事が一致する必要がある。ヴィクトル・ユゴーは、雷雨を避けるために逃げこんだ木陰で、ジュリエット・ドゥルエ〔ユゴー終生の恋人、一八〇六―八三〕が初めて身を任せた時のことをけっして忘れなかった。その後、ヴェルレーヌの『良き歌』を読めば、いいなずけのマチルド・モーテと会うために詩人がパリを歩き回る際に、幸福な雨が降っていたことが分かる。

屋根からは雨水が滴り落ち、壁からは水がしみ出し、舗道は滑り
通りはへこみ、下水道には汚水があふれる
それが私の通る道だ――ただしその先にあるのは天国。(19)

このいわば恋する雨のテーマは、二十世紀に入ると想像力の領域で復活する。たとえばジャック・プレヴェール〔フランスの詩人、一九〇〇―七七〕のあまりに人口に膾炙した詩のように。

あの日、ブレストでは絶えず雨が降っていた

君はにこやかに歩いていた
晴れ晴れと、うっとりと、滴るように
雨の下［…］
君は微笑んでいた

あるいはジョルジュ・ブラッサンス〔フランスの作曲家、歌手、一九二一―八一〕の歌では、「雨傘の小さな片隅」が「天国の小さな片隅」に変わる。

十九世紀から二十世紀への変わり目に、フランス音楽の領域でも雨の幸福感が喚起されていたことを忘れてはならない。ミシェル・オンフレが書き記しているように、ドビュッシーによれば驟雨は「憂愁と繊細さ、穏やかさと平安[20]」を語っている。

二十世紀になっても、大部分のひとは雨を否定的なものと感じていた。アンドレ・ジッドは『日記』のなかで、雨が嫌いだと絶えず述べている。たとえば一九〇六年一月十五日に次のような記述がある。「再び三日間の雨。頭が疲れ、意志が定まらず、人格が不安定になる」。一九一二年二月十二日、「また雨模様だ。今朝の頭痛の理由は、たぶんそれ以外にない[21]」。ほかにもたくさんあるが、これらの記述は、一世紀前のメーヌ・ド・ビランの記述と呼応する。個人による雨の評価の歴史はこうして閉じられる。

悪天候の政治学

以上の個人による評価の歴史とは別に、集団的反応というもうひとつの歴史が存在する。この点を理解してもらうには、集団的反応の宗教的内容について語る前に、まず雨の政治的意味の歴史を考察してみよう。この意味の出現は、先述した気象学的な自我の誕生と同時期である。いくつかの重要な出来事が雨の政治的表象を形成した。

一七九〇年七月十四日パリで繰り広げられた連盟祭は、バスティーユ牢獄陥落の日を記念するために行なわれたもので、フランス革命の主要な出来事のひとつである。フランス各地から首都に向かって人々がやって来た巡礼とも言うべきこの祭典は、国家の統一を華々しく示すことになるはずだった。この記念すべき夏の日を想起するだけで、ミシュレ〔フランスの歴史家で有名な『フランス革命史』の著者、一七九八―一八七四〕の目には涙が浮かぶほどだったが、じつはこの日は終日雨が止まなかった。太陽が地平線に現われたのは、夕方六時頃だった。一見したところ祭典にとって不都合なこの天候にたいする人々の反応を、オリヴィエ・リッツが詳細に分析してみせた。革命を支持するか、それに反対するかによって、その反応はもちろんまったく異なる。[22]

終日雨を喜んだのは、反革命派の貴族たちである。「洪水」、「苦悩」と形容されたこの雨は、人々の幸福を脅かす。真理、豊饒、そしてとりわけ栄光の象徴である太陽が現れないのは、彼らからすれば意味深いことだった。悪天候は神が連盟祭に反対しているしるしだ、というわけである。つまり、神は革命の反対派に味方しているのだ。

リヴァロール〔フランスの作家、一七五三―一八〇一〕は、「雨に濡れた議員たちの哀れなようす」を揶揄した。反革命派の新聞は、その場にいた観客たちの無秩序、混乱、大騒ぎ、回廊のほうに向かって走るようす、女性たちの衣服が体に張りつき、「輪郭」を露わにするという愉快な光景を面白がって記述した。

愛国派の新聞が述べるところによれば、はじめ落胆した市民兵、議員、民衆は、その後雨模様の空を見て愕然とした。とはいえ、一見連盟祭に不都合なこの雰囲気については、できるだけ沈黙を守ろうとした。やがて集団行動がこの解釈を逆転させるのだが、それは十九世紀におけるその後の雨の政治史からすれば、決定的な瞬間だった。にわか雨の下で、兵士と市民が踊りだしたのだ。大多数が武器をたずさえた五、六万の人々が取ったこのような態度は、雨が革命に害をおよぼすことはできないし、悪天候は革命の熱狂を抑えられないということを証明していた。踊りは民衆の忍耐心を示しており、他方、国王のほうは雨のなか祭壇に向かうため移動することを拒んだと言われる。踊りから、十九世紀における悪天候の政治史の重要な要素、つまり経験の共有という要素が生まれたのだ。いっしょに雨に濡れるという体験が、人々の一体感を完成させた。高官、兵士、民衆が皆雨に濡れながらにわか雨を楽しんだ。雨が感情の共同体を樹立した。この出来事の直後に出た愛国派の新聞の論説はこのような内容である。そしてその日の終わりに太陽が出たことは、連盟祭の成功を示していた。

それから約四十年後、雨の政治史において決定的な一連の出来事が起こる[23]。「市民王」と見なされたいルイ゠フィリップ一世〔フランス国王、在位一八三〇―四八〕は、自分をフランス国王ではなく「フランス人の王」と呼んだ。歴史家ミカエル・マリナンが示したように、彼は王としての演出を刷新することに強い関心をもち――事実その演出は記憶をめぐる強力な政治と一致するものだった――、あまり地方巡幸しなかった。彼は――正当にも――テロ行為を恐れていた。とはいえ治世の最初の二年間は、そのような慎重な態度を示さなかった。みずからの飾り気のなさを誇示しようとしたルイ゠フィリップは、平等性の象徴を徹底的に求める。王位に上った時に繰りひろげられたパリ市庁舎バルコニーの場面を再現するのを好んだ。それゆえ地方巡幸の際にも、天蓋を使おうとしなかった。訪れた都市の市庁舎バルコニーに姿を現した後は、まったく気取らずに馬車に戻ったのである。

一八三一年六月十二日、国王がメッス〔フランス北東部の都市〕の県庁の中庭を出ようとした時、雨が降りだした。国王は外套を欲しがったが、すぐには見つからなかった。国民軍が整列しているのを目にして、ルイ゠フィリップは軍を閲兵する決断を下す。しばらくすると、雨が激しさを増した。そこでどのようにしたか、国王はパリに留まった王妃マリ゠アメリーに次のような書簡を認めている。

とにかく大勢の人たちがいた広場で、外套を手にもった猟犬係が私に合流した。私は彼に、外套を持ち去るよう命じた。

私は、外套を持ち去るよう示唆する身ぶりをした。兵士たちが外套をまとっていないのだから、国王たる私も外套は欲しくなかった。兵士たちのフランス的知性は、雷光のように私の考えを理解し、「ブラボー国王！」、「国王万歳！」という叫び声が鳴り響いた。それが移動の間ずっと拡がっていった[24]。


国王の行為は、雨の下では、つまり自然の法則を前にすればあらゆるフランス人は平等だということを象徴する。その行為は何にもまして特権の終焉を象徴するものだ。この少し後ルイ＝フィリップはブザンソン〔フランス東部の都市〕で次のように言明する。「フランス人が国王のために雨に身をさらす時は、国王は外套を捨てて、彼らといっしょに濡れるべきであると私は知っている[25]」。

一八三一年六月十二日以降、雨は人々を統合するための手段になる。天候が許せば、ルイ＝フィリップは外套を脱ぎ、群衆とともに雨に濡れる。その場面はバイユー、ブザンソン、カーン、ミュルーズ、ナンシー、ポン＝トドゥメール、ポン＝タ＝ムッソン、ストラスブールで、さらにその後一八三七年にルーアンでも再現された。『モニトゥール』紙の報道によれば、バイユーでは一八三三年、国王の決断がとりわけきっぱり示されたという。一人の女が国王に傘を差しだし、一人の男は馬車の中に留まるよう進言した。二人にたいして国王は「友よ、私はあなた方と同じようにします」と答えた。「拍手喝采と歓呼の声がさらに高まった[26]」と報道記者は断言している。ルイ＝フィリップはおそらくそうと知らずに、一七九〇年七月十四日の共有された体験という主題をここで反復していた。

国立公文書館の史料シリーズAPで、国王が地方巡幸の間マリ゠アメリーに送った書簡を読める。それによると、雨のおかげで自分の行為を繰りかえし、民衆と体験を共有できるというので、国王がつねに雨を喜んでいたことが確認できる。晴天のせいで、自分を迎え入れてくれる人々と共に雨に濡れることができないと、彼は不幸だった。

この市民王が傘をたずさえて首都パリの街路を歩きまわり、自分をブルジョワ王として提示したがったということは、しばしば強調されてきたし、実際、しばしばその姿で風刺画に描かれた。しかし実のところ、私が述べたエピソードはより重要に思われる。別の意味をおびてくるのだ。メッスで、その後も多くの都市で国王にとっての問題は、ブルジョワとして自分を見せることではなく、民衆との共有体験を演出することだった。支配層は当時の労働者階級を天候不順に翻弄される人々、したがって冷酷で鈍感な人々と見なしていた。その状況で、国王の行為はいっそう印象的になる。そしてまたこの行為を、革命下に将校を務め、兵士たちと雨を共有しようとした人間の行為と解釈することもできるだろう。いずれにしても、アンシャン・レジーム期や王政復古期〔一八一四―三〇〕における国王の儀式と断絶した行為だったのは確かである。

ニコラ・マリオなど数人の政治学者が、共和国大統領の巡歴とその際に催された公式の儀式を研究した。(27) そして雨天での大統領の態度を分析してみせた。総じて、より目立たないかたちとはいえ、大統領たちはルイ＝フィリップと同じ態度をとった。雨の日でも大統領たちがストイックな行動を示したことを、多くのテレビ視聴者が記憶に留めた。とりわけドゴール将軍の行動がそうである。もっとも彼は軍帽でいくらか保護されていたのだが〔ドゴールは公式の場でしばしばケピと呼ばれる軍帽を被っていた〕。

近年、十一月十一日〔第一次世界大戦休戦記念日〕のセレモニーに際して、この種の演出が再現されていることが確認された。とはいえ、あまりにひどい雨で大統領の健康が損なわれると判断されれば、傘をさすという慣習が遠慮がちに定着しつつあるようではある。

最近新聞が強調したところによれば、フランソワ・オランド大統領〔在職二〇一二―一七〕が在職初期に巡歴した際、いつも雨に降られたという。それを面白がったひともいる。噂によれば、大統領自身もこの雨天にはユーモアをもって対処したらしい。かつてルイ＝フィリップがそうだったように、おそらくオランド大統領も国民と悪天候を共有できるのを自慢できたかもしれない。

戦時に

古代以来、戦時に雨が引きおこす苦しみは、武力紛争の歴史家たちの注意を引きつけてきた。小説の作者、とりわけクレチアン・ド・トロワを読むかぎり、中世には、雨のせいで遍歴の騎士が道を通れなくなる。そのため雨が騎士の生活条件を左右し、その闘いの帰趨に影響し、ときにはその愛を遅らせる。ここでは、雨が引きおこす苦しみがとりわけひどかった歴史の一時期について詳述するにとどめよう。第一次世界大戦中に塹壕で兵士たちがこうむった苦しみである。ステファン・オードワン＝ルゾーと、彼の指導下に研究を進めた者たちが、さまざまな軍事作戦の舞台において、地面の下に潜んだ男たちの状況を正確に分析してみせた。前線から送られた手紙と、塹壕のようすを伝える新聞によって、われわれはその苦しみを知ることができる[28]。

手紙によれば、これまで言及したことをはるかに超えるような激しさで、雨の存在がのしかかる。また一九一六年の『鉄兜』紙には次のように書かれている。日中「雨は背嚢から背嚢へと飛び跳ね、塹壕の盛土にそって流れ、坑道の底に溜まる。ときには掩蔽壕の入り口を乗り越え、兵士たちの最後の逃げ場である板や毛布の下にまでひそかに流れこむ[29]」。

一九一八年七月の『地平線』紙には次のように書かれている。「われわれはまた雨に襲われた。この雨という単なる言葉は、都市住民や文明人にはほとんど何の意味もないが、［…］野戦軍兵士にとっては恐怖のすべてを含んでいる」。そして記事の著者は断言する。「要するに戦時中の私がほんとうに不幸だと感じたのは、雨のときだけだ[30]」。それと比べれば、風景を柔らかく包む雪はより穏やかに見える。前線では、冬の闇夜で雨はとりわけ恐るべきものになる。雨が暗さをいっそう深いものにするからだ。

問題は雨だけではない。兵士の精神と身体において、雨はそれがもたらす泥と不可分である。泥はある時は液状でねばねばし、ある時は濃厚でひとを欺く。戦争初年の冬から、泥は兵士たちを苦しめた。特に泥水が膝上まで達したアルゴンヌ丘陵〔フランス北東部、激戦地のひとつ〕のぬかるんだ道でそうだった。「不安になるほど深い油のような沼が兵士たちを待ち構え、引きずりこむ……」と、一九一八年三月一日付の『武装解除通信』に記されている。(31)「空き瓶のようなごぼごぼする音を立てながら、雨水が靴のなかに入ってくる」。「泥が人間の頭から足まで覆い隠し、年齢と表情の多様性を灰色で消し去る」。泥は階級章を覆い、人々にとり憑く。泥は「足の下、手の下、横たわる体の下などいたるところにある。泥は衣服にこびりつき、動かないもの、死にかけているものすべてに侵入する」。(32)大規模な侵攻の日、兵士たちが塹壕の盛土に身を伏せると「汚らしい泥水」に覆われる危険があった。

上からも下からも雨に濡れ、時にはねばねばした砲弾の穴にうずくまるこれらの兵士たちの場合、泥は雨の苦痛を倍加させる。この点で証言をあげればきりがないだろう。たとえば一九一六年六月一日の『アルゴ船乗組員』紙には次のように書かれている。「朝から雨である。冬によく降る冷たく、いつまでも止まない細かい雨で、身を守る手段はない。最前線の塹壕は土色の川のようだ〔…〕。水と泥。足がぬかるみ、ゆっくり滑り、何か抗いがたい力に引きつけられる〔…〕。塹壕の盛土が塊ごと崩壊する。〔…〕土が雨水のほうに流れ落ち、混じりあう。〔…〕すべてがこの重たげな液状の泥のなかに消えていく」。(33)泥は傷ついた兵士の血に混じり、兵士は泥を赤くする。泥はまた、かろうじて浮いている死体を呑みこんでいく。

一九三九―四〇年の戦争に際して――一例にすぎないが――フランス軍の前線では、雨と泥がこの拷問のような苦しみを再び生じさせた。クロード・シモン〔フランスの作家、一九一三―二〇〇五。一九八五年ノーベル文学賞受賞〕のいくつかの小説では、「奇妙な戦争」〔第二次世界大戦のこと〕と敗北の際に騎兵たちがなめた苦労が力強く描かれている。

「聖なる泣き虫」と「良き泉」

最後にもっとも平凡なこと、しかしおそらく数世紀にわたって何にもまして農村の人々を悩ませてきたことに触れよう。旱魃のときの雨への欲求、豪雨や長雨や、そして何よりも雹《ひょう》が引きおこす恐怖である。地球上の多くの地域に、これらの集団的強迫観念が存在するし、無数の儀式をもたらしてきた。その儀式については、人類学者が好んで詳述してきたところである(34)。

まず問題になるのは、旱魃時の雨乞いの儀式だ。古代以来、その歴史は宗教的信仰と関わっている。空と海の現象、つまり降水をもたらす現象は神に支配されており、神が雨を引き起こし、黒い雲を生じさせ、雷雨を誘発するのだという確信が、当時から根強くあった。これらの現象の起源に関する信仰について論じれば、あまりに長くなるだろう。ジュピター〔ローマの最高神で、気象現象を司る〕やネプチューン〔ローマ神話の海神〕だけではない。聖書の神も降水を決定づける。そして正義のひとに報い、悪人を罰する。砂漠に迷いこんだユダヤ人たちにはマナ〔神から奇跡的に与えられた食物〕を授ける……(35)。

雨、雹、雷雨は神に支配されており、神はそれらを媒介にして信者に報いたり、信者を罰したりするのだ、とキリスト教徒は考えていたし、ひとによってはそれが二十世紀最中まで続いた。十九世紀に科学が空を非宗教化する前の過去の人々は、空を吟味して神の怒りや悪魔の介入を示すようなしるしを読み取ろうとした。こうした信念を証言する俗諺は数多くあり、そのいくつかは日常語として残った。たとえばノルマンディーの田園地帯では、二十世紀中葉でも、太陽の光の下でこぬか雨が降ると「悪魔が女房を殴り、娘を結婚させる」とよく言ったものだ。

数世紀の間に、このような信念は雨乞いや、雷雨を防ぐための一連の儀式を生みだした。その中には、お祈りや宗教行列など、聖職者や世俗当局の参加を必要とする厳かな儀式もあった。またより質素な儀式は田舎の教区に関連し、さまざまな様式にもとづいて国土全体に深く根付いていた。

旱魃時の雨乞いの宗教行列としてもっとも有名なものの一つが、とくに十七世紀のパリで展開した聖ジュヌヴィエーヴの行列である。儀式は世俗側の発意によるが、それがカトリック教会に託され、教会が儀式を組織した。どのような行程になるかは、旱魃の期間によって変化した。もっとも厳かな宗教行列は一六九四年、国王臨席のもとで繰りひろげられた。この出来事を記念してニコラ・ド・ラルジリエールが描いた大きな絵が、サン゠テチエンヌ゠デュ゠モン教会に保存されている(36)(口絵3参照)。トゥルーズでは、ドラード教会の雨乞い宗教行列もまた文字どおり一つの制度だった。アルジャンタン〔ノルマンディー地方の町〕では、余りに雨が少ない、逆に余りに雨が多いなど天候不順の際には、サン゠ジェルマン教会に保管されている聖マンシュエの遺物を入れた聖櫃をもって、町中を練り歩いた。

田舎の教区が置かれた地方では、病を癒す「良き聖人」がいるように、雨と晴天をもたらす聖人、「良き泉」と結びついた「泣き虫」聖人が存在した。それらの聖人には雨を降らせる力があると信じられていたのである。もっとも有名なのは聖メダールだった。伝説によれば、この聖人は雨傘商人だったという[37]。旱魃の際には、農民たちが彼を「聖ピサール」〔小便聖人ぐらいの意味〕と呼び慣わして、祈願することもあった。

聖職者と信者は行列をなして、あるいは巡礼をなして、これらの聖人を称えた。こちらでは泉のそばでミサがあげられ、あちらではキリスト磔刑像や聖人像を泉の水に浸した。聖人像を泉に沈めてしまうような地域があれば、司祭に水をかける地域もあった。いくつかの教区では、雨を降らせようと泉を鞭で打った。儀式の有効性と、聖人の御加護を信じる気持ちはどこでも強かった。

このような儀式の明確な例をいくつかあげよう。民族学者ポール・セビヨによれば、十九世紀の最中、パンポン〔ブルターニュ地方の町〕の森の中にあるブロセリアンドの泉のほとりに、その地方の農民たちが行列をなして向かった。当時はこうした目的で、十字架と旗をもって宗教行列が組織されていた。十字架はときに泉の水に沈められ、人々は好んで儀式の有効性を報告した。たとえば一八三五年の大旱魃の際、宗教行列をするとたちまち大雨が降ってきた。イリエでは——その後マルセル・プルーストにちなんでイリエ＝コンブレーと改名される——、信者たちが宗教行列をなしてサン＝テマンの泉に赴き、祈りを捧げた。二つのシャラント地方〔シャラント県とシャラント＝マリティーム県〕では、「雨をもたらす」泉が数多く存在していた。サン＝トマ＝ド＝コナックでは、「聖体」を「良き泉」に運んだ。リムーザン地方〔フランス中部〕でもこの種の宗教行列は頻繁に催された。(38) 信者たちは「水を取りに行くのだ」と言ったものだ。

「良き聖人」にこれほど大規模に頼ったことをよく理解するには、長期の旱魃が当時引き起こした不安の大きさを認識する必要がある。まだ国内市場が確立していない、つまり一八六〇年代初頭以前の国土では、旱魃が食糧不足、さらには飢饉の原因だったからだ。十九世紀の初めの六十年間、知事と郡長は三カ月ごとに「作物状況」を作成した。現在この資料は県の公文書館に保管されているが、その大部分は降水に関する情報から成っている。作成者は降水が収穫予想におよぼす影響についても述べた。この資料は当局が雨に多大な関心を向けていたことを証言している。

祈りから予報へ

同じような信念にもとづいて、農民は悪魔がもたらす害を警戒し、時には個人を、とりわけ司祭を非難した。司祭が「雹を降らせる」と糾弾されたのである。たとえば一八五〇年、写真家でもあったメシヴェの神父は棍棒と農業用フォークで武装した農民に追跡された。雷雨の写真を撮っていたからである。リムーザン地方では当時、教区民が「雹を降らせる司祭」に乱暴をはたらくことは頻繁に起こった。より一般的に、先述した儀式に異を唱えるようなことはすべて暴力につながる可能性があった。信者たちの信念はそれほどまでに強かったのである。

一八七四年、リムーザン地方の小さな町ビュルニャックで、[39] 新任司祭は他の若い聖職者メンバーと同じく、天候をめぐる儀式はすべて迷信の類だと考えていた。そこで、晴天や豊作を得るための教区の宗教行列を禁止する決定を下した。信者たちが反対したので、司祭は宗教行列への参加を取りやめるだけにした。新任司祭の教区民は彼が参加しなければ雷雨と雹がやって来るだろうと確信していたし、実際そのとおりになった。その地方の農民は激怒して、司祭を非難した。二十人ほどの農民が司祭館に乱入したので、憲兵隊が出動して不幸な司祭を解放した。首謀者は十日間留置され、それが地域全体に大きな動揺を引き起こした、と検事が書き記している。

豪雨、雷雨、そしてとりわけ雹を防ぐために、もう一つ手段があった。教区の教会の鐘である。多くの鐘には、それが雨と嵐を防いでくれると示す銘文が刻まれていた。自然の脅威が迫ると人々は鐘を鳴らし、雲を退散させ、近隣の教区のほうに向かわせた。その結果、村々のあいだで混乱や諍いが頻繁に発生した。私はかつてその一覧表を作成しようとしたことがある。[40]

多くの農民にとって雨が重要な問題だったことはよく理解できる。一例をあげれば、エミール・ゾラは『大地』と題された小説で、悪天候が農民の生活におよぼす影響を正確に描いてみせた。[41] 十九世紀末の農村文学もまた、この主題を何度も取りあげた。ゾラは小説中で五種類の異なる降水を描いている。通り雨、「細かい」雨、「垂直の」雨、「なま暖かい」雨、そして「破壊的な雹」。これらの種類に応じて農民の仕事は段取りが決まる。「お父さん、雨が降ってきた。鵞鳥を外に出すよ」

と、小説のヒロインの一人は言う。ゾラは雹が襲ってくる場面を描いているが、女たちは雹を聖書で語られている大洪水や神罰の瞬間の反復と見なして、大声をあげるのだ。これは『出エジプト記』の文章（第九章第二十二節）への暗黙の言及にほかならない。「エホバはモーセに言った。〃お前の手を天に延べなさい。そしてエジプト中の人間と動物、さらにはエジプトの野草全体に雹が降るようにしなさい〃」。

不吉な降水が存在するという信念は、雨だけに関するものではない。社会観察者たちに言わせれば、十九世紀の最中ペルシュ地方の農民は、「アルピーヌ婆さんが悪霊集団の先頭に立って空を渡りながら、死体の残骸を降らせることがあった」[42]と確信していたという。これは『黙示録』第八七節の漠然とした想起のように思われる。そこには、最初の天使がラッパを吹いたとき、「血の混じった雹と火が降ってきた」と記されているからだ。

信念の惰性的性格を考慮すれば、これまで述べてきたような雨をめぐる現象学が田園地帯でいつ消滅したのかを確定するのは難しい。疑いもなく十九世紀に気象学が、神や悪魔の介入と見なされていたものをしだいに駆逐し、空の非宗教化をもたらしたという点は、あらためて指摘しておこう。そのうえで私が思い出すことがある。バス゠ノルマンディー地方の田園地帯にある小さな教区で、一九四〇年代、日曜日でも働く農民たちを司祭が祭壇の上から脅すのを聞いたのだ。雷雨が襲ってきて作物をだめにし、神の怒りを表わすことになると予言していた。

現在の動向

雨に関する信念と行動は現在どのようになっているのだろうか。それは人類学者の領域に属することであり、本書ではとりわけマルタン・ド・ラ・スディエールとニコル・フルザの領域である〔第7章〕。歴史学の観点からは、これまで何度か強調した神意への信念が消滅したことのほかに、いくつか重要な論点を指摘するにとどめよう。

●雨が降りだす、雨が止むなど天気予報の正確さが、人々の期待の様式を根本から変えた。この新たな条件のおかげで、不意打ちされるという影響がなくなり、とりわけ昔の人々が有していたような知識が無効になった。昔の人々は目や、肌で感じる湿度や風の接触や、その他多くの感覚によって、雨が降りだすかどうかを予想していたのである。

●新しい人工素材の発明により、雨にたいする防水性の歴史が大きく変わった。あらゆる文化圏の人間が雨から身を守るために用いていた防護手段、とりわけ植物による防護手段は、この新しい人工素材によって遠い過去の話になってしまった。

●天気予報へのまさに強迫観念と呼べる現象、天候への鋭い感性があきらかに強くなった[43]。ニコル・フルザが指摘するように、それは今や病理と精神医学の領域に属するほどのものである。要するに、雨や旱魃から生じる不安と苦悩が大きく変わった。

●災厄への欲望にひそかに苛まれている現代世界において、雨とその過剰がどれほど事件になるかを、マルタン・ド・ラ・スディエールが示してくれた。今日ますます増え、この人類学者が絶えず追跡し観察している「天気予報狂」は、雨の影響がもたらす心理的衝撃を示している。こうした観察によって、異常降水を目撃した人間の自我が過大評価されるという現象が明らかになる。

酸性雨と、それが想像力におよぼす影響については、その結果を測定するにはおそらく時期尚早だろう。

（小倉孝誠訳）

第2章　太陽、あるいは気楽な天気の味わい

クリストフ・グランジェ

一九一五年二月二十五日。「空には雲はほとんどかかっておらず、とてもよく日が差した。朝と夕方には霧、あるいはうすい靄《もや》が記録された。わずかばかりの雹《ひょう》や細かい雪が一一時ごろに観測された」。

一九二一年九月二十一日。「今朝は空に厚い雲がかかっていたが、午後と夕方にはほとんど雲はなかった。日照時間は三時間四五分。朝はかすかに靄が立ち込めていた。朝露も降りていた。北西から北の弱風」。

一九二八年四月十九日。「空には雲がかかっていたが、夕方は晴れ。日照時間は一〇時間四五分。霜が降りた。街と郊外のいくつかの地点であられや雪の結晶混じりのごく微量のにわか雨が降った。風は穏やかだったが、時折激しく吹いた[1]」。

首都の日常の気象記録のなかでも、幸運を頼りにして記録されたこうした細かな観測は、既にそうした試みの困難さを物語っている。太陽、より正確に言えば、日の差す天気に対する感性の歴史は、第一に際限ない機微によって織りなされる。もちろん、そうしたことは雨、雹、あるいは風など大部分の天候に関して同じように言うことはできる[2]。太陽に関して難しいのは、それが毎日、そしてすべての季節に言えるものだからである。雨の後、ほんの短い時間日が差す。夏に何日も快晴が続く。野外で食事をしたくなるような初夏。あるいは、大胆不敵にも彷徨いこむ魅惑的な光が、ある季節の隙間に別の季節を感じさせる。晴れの日に関しては何が一般的なのだろうか？　太陽全体が大気現象の沈黙の中に収まってしまっているということはないにせよ、太陽に関しては大したことは何もない。こうしたとりとめのない光のきらめきには、堅牢な陸地の愛好家である歴史家をどこか臆病にさせてしまうところがある。もっとも、歴史家にはこの先にもまだまだ苦労は続く。というのも、こうしたことすべてに関して、さらにある障害をつけ加えねばならない。五、六〇年来、太陽はこの地球の側で一番よく共有されている大気現象の嗜好の頂点に君臨しようとしたが果たせず、ペレック〔フランスの小説家、一九三六―八二〕の言葉を借りれば、太陽は、生活の根底にある単なる雑音へとおとしめられ、それが輝くのは、多くの場合は人々が太陽に向けるぼんやりとした無頓着さによってである。人々は興ざめな雨に自ら進んで不満を言い、寒気を呪い、嵐とそれが引き起こす恐ろしい渦巻を称賛するが、気楽な天気を気に掛けることはほとんどない。言い換えれば、気象の国においては、苦痛主義が君臨しているのである。そして忘れてはならないが、日の差す天気に関して語り、その影響を証言してきた過去のさまざまなやり方に、この苦痛主義が影響している。

以上のことはすべて罠に対する予防線である。そこで以下に記すのが重要な点である。一七五〇年から一九六〇年のあいだに、太陽についての評価の仕方が、文字通り逆転した。もっとも敵意のこもった嫌悪から、一番祝福される悦楽へと。ほぼ二世紀のあいだに全体が逆転したのだ。そしてこの転換をこそ、その歴史に回復させねばならない。それは多くのことを要求する歴史であり、当然のことながら以下のようなさまざまな要素を同時に追跡することになると予想される。太陽が生物の内奥に引き起こす微妙な感覚、それを解き明かすことを命じる知的信条、気候を読み解くことに関して長きにわたり重くのしかかっていたさまざまな信仰や迷信だけではなく、はっきりと明確になった気候を、熟視すべき風景にまで押し上げ、その評価を構成してきたさまざまな美的コードにいたるまで。ここでひとつの歴史を慎重に選び取るのにどれだけのことが必要かを知るためには、このプログラムに以下のことを付け加えれば十分である。太陽を証人とするさまざまな行動の変域、太陽を避けるための方策、暑さに応じて活動を調整する習慣、あるいはさらには肉体がその暑さに強制的にさらされることである。

誤解がないようにしよう。この歴史が立ち向かっている問題は、その成果がわずかであるために、おのずとむなしいものであると予想される。日の差す天気というのは、人間がそうした天気にいくつもの親密な影響を見出そうと配慮してきたがために、近代的個人の形成の一部をなしている。太陽を「好天」の具現化としてきたようなものから始まり、いくつもの趣味判断によって磨き上げられることで、太陽についての評価は、自然界の知覚の正統な様式を確立しようと二世紀にわたって繰り広げられた重要な戦いの場なのである。「今日の天気以上にイデオロギー的なものはない」とバルトも言っていた。(3) そしてそのことは理にかなっている。

ヒポクラテスの鏡、あるいは最初の不信の根源

日の差す天気に対しての人間の関係は、まず警戒と免疫を持つことによって形成される。宇宙論

的な概念による長きにわたる身体の支配は、それによって中世の物理学やアンシャン・レジーム下における一部の医学は息づいていたのだが、太陽に身をさらけ出す行為を断念させることを責務としていた。まだ再解釈されたばかりではあるが、古代の人々が確信していたのは、宇宙の状態と肉体の状態とのあいだには秘められた親和性が存在し、寒さ、暑さ、渇き、湿気の微妙な分析がその親和性を調整するために介入するということであり、そうした確信から実際に外部の暑さに警戒することが求められていた。もちろん、バイイが一六二八年に書いているように、「太陽の存在は、それが適正な距離であるときは、明るさだけではなく、熱のためにも」生命にとって必要不可欠なものである。「というのも、それがなければこの世のすべては死してしまうだろうから。それは生命の拠り所なのだ。神もまた、ありとあらゆるものに生命を与え照らし出すために、太陽を世界の中心、天の中心に据えた。それはまるで、熱源としての心臓が、生命を与える熱を身体に保つために、身体の中心に置かれたのと同様である」[4]。ただし以下のことは注意しなければならない。太陽の熱は、空気の属性を変質させ、それらの属性を希薄化してしまうものであり、長く過剰に浴びると危険なものと考えられる。太陽の熱は「精神を燃え立たせ、体液を温め、溶解もすれば細分化もし、胆汁を増加させ、身体を疲れさせ、毛穴を開き、発汗を促し、活力を挫き、消化機能を減退させ、自然な熱を浪費することで生命を奪う」[5]とポルションもかの『健康の規則』(一六八四)のなかで説いている。面白い見方である。

この当時、貴族に対して、どの季節においてもいつも身を浸す空気の質に警戒し、すべての風に繊細な空気を見出し、精神を憂鬱にさせるような雲によってなるべく暗い気分にならないように努め、とりわけ強すぎる直射日光には決して身をさらさないことを勧める概論が多く書かれたことがよりよく理解される。たとえば、セヴィニェ夫人は、断固とした言葉ではないが、自分の娘に、プロヴァンス地方の身を苛むような太陽やアヴィニョンの「胸を焼く」熱い空気に注意を促している。また、太陽に抵抗することを勧める言説が絶えず流布していたこともよりよく理解される。太陽から常に身を守ること。夏には北向きの別荘を選ぶこと。「少しレモンを絞った飲み物」を飲むこと。ブイヨンを飲み、野草や、「腐敗に耐性のある香りの強い果実や種子」を食べること。そして「野原に行く」者は、一度体を温め、「排尿し清浄なワインを少し飲むこと」(6)など。最後にご婦人方に対しては、「太陽で焼けた肌」、その熱が引き起こす「ざらざらした日焼けを治癒するために」、毎晩牛の胆汁、良く泡立てた卵白、あるいは少し良質な水で顔をこすることを推奨している。「焼いて粉末にした鳩の糞を摂り、苦みのあるアーモンドオイルとその粉を混ぜ合わせる必要がある」(7)といったように。

ここには、ヒポクラテス(紀元前五—四世紀)と彼の弟子たちからの影響が大きい。そうした影響は、十八世紀の人々に相当な影響力を及ぼしていたのだが、彼らはそこにおいて、たとえば人間の身体において、太陽は、雨水を和らげるようなやり方で、「体液のもっとも微細で軽い部分を引き寄せる」(8)と理解していた。(9)一七五〇年頃には、太陽に対する愛顧をすり減らすどころか、身体の繊維組織を解読することの地位の高まりも混ざり合い、化学が進歩したことで、新たな確信を得て、太陽に対する不信はさらに重くのしかかってくる。そこからさらに事態は進展する。啓蒙主義の科学は、世界の秩序を、神の全能が介入してくる状態から引きはがすことに躍起になり、世界の秘密を発見することに情熱を燃やしていたように思われる。太陽の熱は、学者たちの関心を大いに引き、もはや数えきれないほどの犬たちが、八つ裂きにされて仰向けに直射日光にさらされたり、箱のなかで窒息させられたりしたのだが[10]、それはその分野における進歩を印づけている。一七七〇年から一八四〇年にかけて盛んだったこうした分析は、その後、太陽を表現することに関するより繊細な見方をもたらすことになる。太陽は、それ自体が空気の熱の原因であるわけではない、とアーバスノット〔スコットランドの医師、著作家、一六六七―一七三五〕も、アリストテレスの『気象論』の読解の形跡がみられる、ある影響力の強い研究のなかでそのように説明している。太陽は「蒸散」を引き起こし、それが草いきれによって、空気、人々を温め、そうしてすべての生命組織に影響を与える。アーバスノットは、太陽のおかげで「暑い日には、麦畑の近くで、熱はきわめて感知可能なものである。植物の感知できないほどの、油、塩、種子、浸食作用が空気中に漂っている」[11]と結論づけている。一七八七年に最終的にまとめられた光合成のメカニズムの発見は、太陽光をそれ以前にはなかった威光で讃えている。植物の酸素を生み出す力は、まさに太陽の介入のおかげであり、太陽を通じて、生命が摂理によって制御されるのである[12]。したがって、太陽が身体内部において規定している腐敗による錬金術の存在を疑うような突飛な考え方はまだ誰にも浮かんでいなかったにせよ、少なくとも以下のことは了承された。すなわちそれは、冥界の謎ではまったくなく、太陽こそが空気を呼吸可能なものにし、生物を生命力あふれるものにしているということである。

そうした確信は日の差す天気の評価を左右するようになり、かつての激しい不安に少しずつ傷をつけ始める。非常に多くの改革派の人々は、肉体を強化するための理論に傾倒し、大気が人間の身体の組織や繊維の改善に介入することを確信し、太陽の美点を解読することをさらに推し進めたのである。ここにおいてルソーが登場する。ルソーは『エミール』において、子どものために、風の吹く、野外での、身体を寒さ、疲労、雨、太陽にさらけ出す教育を強く求めることに専心し、子どもにあまりに多くの服を着させ、彼らを自然の影響から守るといった、悪しき習慣を嘆いている。ルソーは、子どもたちが少ししか日の差すところへ行かないことを残念に思っているのであり、それは「子どもたちの肌の組織は柔らかすぎ、まだか弱いゆえに、汗が勝手に流れ出てしまい、過度の熱によって疲労困憊してしまうのは避けがたいということである。また八月はほかのどの月よりも死者が出ることが認められている」。ルソーの見解では解決策は簡単であり、その解決策はわれわれにとっては太陽に対する関係の転倒を約束するものである。すなわち「子どもが成長し、繊維が強くなるにしたがって、子どもを少しずつ太陽光に立ち向かうことに慣れさせて下さい。段階的にそうすることで、子どもを、灼熱地帯の暑さに対して、危険なく鍛えることとなるでしょう」(13)。

ほかにも以下のように主張する者もいる。トレッドゴールドが説明するように、太陽の熱は「もっとも心地よい感覚」をもたらすだけではなく、子どもたちが、日の差さない籠りきりの状態が蓄積してしまうさまざまな有毒な脅威から浄化された状態でいるためには、よりうまく構成された建築を通じて、太陽の熱を、家、工場、公共の建物のなかに取り入れさえすれば十分であるといったことである。[14]

太陽の出現と世界の解読

それでもやはり、肉体を太陽にさらすことを真剣に称賛する声はほとんどなかった。そうした行為を快楽行為のいくつかのレパートリーに加えるという以上のことはなかった。一七九三年、一八〇三年、一八一一年の夏の猛暑は、太陽に対する嫌悪を、よりありふれたものとして根づかせた。一七九三年の猛暑に関しては、フュステル医師が以下のように語っている。「太陽にさらされたいくつもの物体がひどく温められ、触ると燃えるように熱かった。人も動物も窒息して息も絶え、野菜も果物も焼けてしまうか、毛虫に貪られてしまった。家具も板張りの壁もひび割れ、扉も窓も歪んでいた。屠殺されたばかりの肉も、あっという間に腐敗していた。肌は絶えず汗に覆われ、体はきわめて不快な汗の臭気のなかを漂っていた[15]」。

ゆえに恐怖が支配していた。そして、ヒポクラテスによって主張され、ホメロスあるいはヘシオドスもまた馴染みのあった古き良き気象の理論によって、太陽が頻繁に現れることで覆い隠されていた脅威が、より強力なものになるにしたがって、いっそうそうした恐怖の権威が高まるのであった。以下のような法則が知られていた。人間の健康、情熱、気質、さらには民衆の性格を決定づけるのは、気候、すなわち場所、空気、水の性質なのであるという法則である。ヘロドトスが要約している通り、「穏やかな土地は常に穏やかな人間を生む」[16]。ところでその日の気候に応じて、ただ太陽にさらされることには、ここではいくつか選択の余地がある。人間は太陽にさらされればさらされるほど、より多血質になり、残酷で、情熱的で、品行が粗野になる。反対にさらされなくなればなるほど、より憂鬱になり、情熱を抑制する余地があるようになる。一七七〇年から一八五〇年にかけて大きな流行を見たさまざまな医学的トポグラフィーは、その明証性を持続的に確立する。アヴィニョンでは、太陽は焼けるように暑く、人々の背丈は中ぐらいで、肌は褐色で、手足はか細く、気質は「胆汁質と多血質」を示している。カンブレでは、日照は弱く、背丈は中位で均整が取れており、「活力に欠け」「リンパ質の気質が主調を成している」。シャンベリーでは、太陽は非常に存在感があり、空気は乾燥しているが心地よく、住民はたくましく屈強な体格で、「気質のなかにも多くの善良さがある」[17]。この数十年のあいだに、太陽の運行に応じて病を分類するというきびしい慣習もまた生まれた。太陽のよく照る地域では、腺病の感染、肺結核、赤痢、腸チフスの発作が何度もおこっている[18]。

この時代に、太陽に対する注意の歴史において、ひとつの大きな転換が起こる。隠されたメカニズムを発見することが問題となっていた、単なる自然現象の観察の場であったところから、太陽は説明のための原動力、あるいはこう言ったほうがよければ、人間にとって自分たちのものである世界を理解可能なものにする方法、確実な分割と目印によって世界を活気づける方法となる。そしてあらゆる分野の学者たちが、大いに楽しんでいる。精神病医学の父であるピネル〔フランスの医学者、精神科医、一七四五―一八二六〕によれば、日にさらされることが、神経症の突発やすべての「理性の不調」に関与しているということである。「インド、ナイル川上流のエジプト、バルバリ〔エジプト西部から大西洋岸にいたるアフリカ北部地域の古名〕の沿岸部、パレスティナ、ギリシアの島嶼部、フランスの南部地方の焼けつくような気候は、一般的にはヒポコンデリーやメランコリーの症状ばかりか、想像力の過度の高揚や、あるいは過剰な暑さの直接的影響によって、躁病をも蔓延させるのに最適なのである。オーヴェルニュ地方の医学的トポグラフィーにおいては、スペインやフランス南部に出稼ぎに行くこの地方の住民が、それらの地域の気候に長く滞在した後で、ヒポコンデリー、メランコリー、あるいは躁病患者になっている」[19]とピネルは書き留めている。

カバニスはその数十年のちに、以下のように説明している。「キリスト教の最初の数世紀における東方の僧侶たちの馬鹿げた残忍性」や、「テーベ付近の隠遁地の苦行僧たちの途方もない狂気」に霊感を与えたのは、焼けつくような太陽が過剰に存在したことであり、「それによってそうした僧侶たちの脳に火がつけられていた」[20]。

そうした学者たちのサークルを越えても信じられていたことであるが、太陽はまた密かにさまざまな習俗の流れを体系化してもいる。夏のあいだの交接を禁じていた古い概論書とは反対に、（春と夏の）太陽の支配を、身体が温められ、性愛への情熱が沸き立つことに結びつける言説が有力となる。それは一七八五年ごろにジャン＝ジャック・ルクー〔フランスの建築家、一七五七―一八二六〕

が女性の自慰行為の淫蕩な場面のなかで、不朽のものとした図像にも見られるものである（口絵4参照）。一八三七年にフォアサック医師が言及していることだが、太陽は「創造的な力に兆候や衝動を」与え、太陽によって「生命を与えられたすべての自然のなかで、性愛や生殖行為の普遍的な作用が持続する。刑事裁判のいくつもの記録が知らしめていることであるが、妊娠の大多数は、強姦や未成年者に対する強制わいせつ罪の多くと同時に起こっている」[22]。その上、学者たちが説明するには、太陽はすべての感覚を鋭敏化するということである。太陽は際限無く、視覚にこの上ない悦びをもたらし、都市においては太陽から離れて暮らす者を近視へと陥らせ、「とりわけ朝に」嗅覚を刺激し、空気を甘く香り立つ香気で満たし、それは鼻咽喉の粘膜をくすぐりにやってきて、往々にして奇妙なくしゃみを誘発する。さらに医師は以下のように付言する。アンティル諸島を発ちフランスを目指すクレオールたちは、こうした陶然とさせるような感覚を捨て去ることができないということである。彼らは、ひとつひとつの粒子が彼らにこうした小さな太陽の喜びをもたらすような香りを身にまとっている[23]。

さらに広い観点からすれば、太陽は諸国民の分類のなかにも入り込んでいる。イギリス人であれ、フランス人であれ、程よい太陽の光の下に置かれた人々は、自分たちの風習を文明化し、自然を征服し、精神のあらゆる創造性を発揮することができる。反対に太陽の熱に絶えず責め苛まれる人々は、その時代に取り憑いている「身体と精神の退廃」のあらゆる烙印を示すのである。「黒人は、太陽の熱に苦しめられ、脳のより幸福な体質に配分されている知性を奪われており、無知蒙昧、迷信、隷属状態のなかで活気がなくなる」とレシャトワ医師は一八四〇年に要約している。[24] この言葉に関しては、それ以上長々と注釈をつける必要もない。以上、太陽が世界の感覚的な解読のために果たしてきた役割について見てきたが、それに関しては十九世紀において、さらにさまざまな規則が重くのしかかってくることとなる。

太陽と自然の調和

それでも、そこまででやめてしまうのは論外である。こうした想像力豊かな学者たちの考えに、一七五〇年から一八五〇年のあいだに活発になり、次第に紛れ込んでくるのは、空の風景に関する感情的な知覚の高まりであるが、そうした知覚の無い時期には、太陽は新たな趣を身にまとっている。『百科全書』を紐解こう。「太陽」の項目において、シュヴァリエ・ド・ジョクールは、その当時そうした主題がかき立てるさまざまな称賛が高揚していることについて述べている。「ピンダロス、ホメロス、ウェルギリウス、オウィディウスなどが、彼らの著作のなかで、季節の父であり仲裁者、世界の目であり支配者、人間の喜びの源泉、生命の光を称賛しないなどということがどうすればありえたというのだろうか。というのも、ギリシア人とローマ人が太陽に与えているのは、まさにそれほど多くの別名なのであるから。しかしながら私は、われわれの近代とその他の時代の詩人たちがこの生命の天体について為している描写をよりいっそう好んでいる」[25]。そして実際に、一七五〇年ごろには、太陽と、太陽が世界の上に浮かび上がらせている光り輝く痕跡は、もっとも流行った詩的経験の域にまで高められている。かの有名なサン＝ランベールの『四季』におけるもの以上の密度と、緻密さによって事物が語られた例はどこにもない。ウェルギリウスそしてとりわけトムソン〔イギリスの詩人、劇作家、一七〇〇―四八〕の詩（「統べよ、ブリタニア！」）から着想を得た彼の詩は、その時代には四季を流行の文学的主題のなかに定着させており、考察してみる価値がある。

一筋の光の束が、太陽から解き放たれ、
朱に染まる地平線へと急速に広がっていた
そして光り輝くその天体は、山々の背後からとびだし
緑の田野に金色の光の網を投げていた。
私はこれらの軽やかな雲が湧き立つのを目にしていたが
雲はその通り過ぎる流れの下でいくつもの谷を覆い、
太陽はそれらの雲を目に見えない蒸気へと変貌させ、
澄んだ穏やかな空を栄光で満たすのを見ていた。
私はみずみずしい七宝、花々の輝かしい煌めきを愛でていた
朝露と曙の光はそれらの色をより活気づけていた。
夜露に濡れた草の上に集まった

瑞々しい真珠のなかでいく筋もの光が戯れていた。(26)

サン＝ランベールが主張するように、太陽は自然の秩序をつかさどる偉大なものである。太陽はウマゴヤシと楢の樹液を活気づけ、多様な生物を孵化させ、動物たちにより多くの魂とエネルギーを与え、つまり自然により大きな力とより輝かしい完全さを与える。「すべてのものが動き、組織され、自身の存在を感じる」。そして同じ動きによって、太陽は人間にも影響を与え、「ぼんやりとした不安、激しい好奇心、目的のない活動」を消し去り、人間の心のなかに「喜び、希望、優しさ、美に対する愛、快楽のいくつかの様態であるすべての感情」を芽生えさせる。太陽は「人間に自分たちの存在についての鋭い感情を与える」。「そうしたときであれば、お互いにこのように言い合うことができるであろう。私は存在しているがゆえに健康であると。そのようなときにおいてこそ、木々の陰で、新鮮な草の上で、熱を感じるのを妨げることなく、暑さを和らげてくれる水の近くで、夢想に身を委ねた精神、悦びに満たされた心、穏やかな感覚とともに、われわれは甘美でありもっとも大きな快楽に続くものと同様の休息を享受する」(27)。サン＝ランベールはここにおいて、太陽に関するさまざまな感覚の、それまでにはなかった体系を素描している。しかしながら、彼はまたそれ以上に多くのことをうまく書き記している。太陽が人間と自然のあいだに生み出す調和に関して、人間の幸福の源以外の何ものでもないものを描いている。そしてそれは、繊細で素晴らしい幸福であり、静けさ、喜びに満ちた美、そしてサン＝ランベールいわく、「気高く純粋な喜び(28)」によってなされる幸福なのである。

新しいものである同様の解釈が、実際にずっとより大きな転倒のなかに入り込んでくる。すなわちそれは、既に何度も分析されたものであるが、啓蒙主義からロマン主義にいたる過程で、人間の自然に対する関係を転覆させる解釈であり、そこにおいては、次第にコード化されていきながら、「凝視」の新たな喜びを生まれさせている。トマス・バーネット〔イギリスの神学者、地質学者、一六三五―一七一五〕は「私が思うに、自然のもっとも偉大な事物というのは、凝視するのがもっとも心地よいものである」と一六八一年に次に続く世紀のためのマニフェストとして、要約している。[29] その当時自然は瞑想のために、そして視線の行先に提供されている。すなわち人々は自然の広大さ、人間に自らの矮小さを実感させる仮借なき巨大さを味わうことを学んでいる。太陽は、その捉えどころがなく、不定形で、秩序のない光線によって、視線を無限へと引っ張っていき、視線をその極限に慣れさせるものであり、そこにおいてそれまでに無かった味わいを取り出している。それでもやはり慎重にならなければならない。たとえ同じような動きを辿ってはいても、太陽の光にさらされている凝視は、崇高の感情とはかけ離れている。そうした感情の発露は、十八世紀を席巻しているものである。実際、崇高とは、カントが要約しているように激しい経験である。崇高には、無秩序、荒廃の味わいがあり、悪天候、ザラザラした質感、嵐、「雷雨を含んだ天に立ち上る雲」を好み、そうした風景からのみ、あれほどまでに評価されてきたメランコリーが発生し得るのである。要するに、崇高は、サン＝ランベールが太陽を書き取る際に称揚していた節度、静寂、目に快く調和した美を、追放している。

したがって、太陽の悦楽が生え出すような腐植土は、他のところにある。それは、十八世紀の半ばから展開され、神が望む世界のすべての美を記述することに応用される自然神学の側にある。プリュシュ神父〔フランスの神父、著述家、一六八八―一七六一〕のかの有名な著作、『自然の光景』が、ここでは案内として役立つ。神父は、森林、河川、山脈、平野、海というようにあらゆるものを記述している。そしてもちろん太陽に関しても、「太陽は生命と行為全体を照らし出しているので、自然の魂」であると記述している。そのようにして、画家は海を捉えるに際しては、日没の瞬間を捉えているが、それは「海がそのときに完全に燃え上がり、この美しい天体の光が、水平方向に水の流れの上を運ばれ、水の流れはお互いにその光を投げ返し、何度も反射するからである。そしてそれはもっとも美しい煌めきともっとも豊かな色を生み出すものである」。結局のところ、「太陽の光は、すべてを美しいものにし、われわれを美の源流へと遡らせる」。そしてさらに良いことに、画家がゆらめく陽の光のなか、日の出から日没まで追跡している微妙な変化は、最初は繊細なものであり、その後「栄光の輝き」となり、そこではわれわれの視線をゆっくりと強固なものにし、「われわれの繊細さをいたわる配慮をした上で」、視線が自然の素晴らしさを知覚することを可能にするものとなる。「神は太陽を光り輝くものにしたのだが、それはもしも太陽の光がなかったならば、われわれにとって太陽は不要なものになっていただろうからだ[30]」。

そしてすべてはそこ、つまり自然神学が人間と宇宙のあいだに導入している距離と、自然神学がそこに滑り込ませている視線の無限の可能性とにある。自然界は光景となる。世界がそれによって活気づくそれらの現象は、風景となる。そしてまさにそこにこそ、いまだに遠く弱いものであるが、「太陽の発明」すなわち太陽を悦楽の場にする可能性が横たわっている。啓蒙された貴族たちが夢中になっていたそうした読解は、その後に続く数十年間は、下火になる。そうした読解は、その活力の一部を気象学の知識の隆盛に負うところがあるに違いなく、コット神父〔オラトリオ会の司祭、啓蒙主義の科学者、一七四〇―一八一五〕はその気象学の法則をより正確なものにしているが、さらには天体物理学の展開にも負うところがあり、それはとりわけ人間の目に与えられる太陽の光が、「太陽からわれわれに届くまで七分にも満たないで」やってくることを明らかにし、太陽の光景の味わいと凝視の経験の激しさに快い深みをもたらしている。[31] それでもやはり、そうした読解は、十八世紀末にベルナルダン・ド・サン＝ピエールの著作のなかで、ついで十九世紀のロマン主義全体において、正当な価値を認められることになる。

ベルナルダンはこう記す。摂理によって、自然は「人間の生活の情景の基底」を形成する風景として構成される。そして太陽と、太陽が熱帯地方において見出す、積み重なる雲が太陽に触れられ揺らめく淡紅色、銀、朱色、さらには黄金に輝く周縁部が、そこではふさわしい位置に入り込んでくる。[32] 長いあいだ、その色調が提示される。シャトーブリアン、ラマルティーヌ、ゴーティエ、そして他の多くの作家たちが、彼らの「太陽の讃歌」を披露している。ドルバック男爵〔ドイツ出身の哲学者、一七二三―八九〕の讃歌もまた同様に興味深い。「光の父よ！　おお、太陽よ！　私は汝を歓迎する。われわれの幸福な谷に、再生と喜びをもたらしに来てくれ」。太陽の悦楽は、重要な道徳的な読解を自ら担っている。そうした悦楽は、豪奢と「執拗な野心」にすっかり心を捉えられている人間には、与えられないものである。そうした悦楽は知恵と簡潔さを備えた「積極的な精神」を必要とするものであり、そうした精神は「隠遁生活の静けさ」を味わう術を心得ている。そして太陽は、そのようにして幸福へといたる道程を指し示してくれる。男爵いわく、「こうした美徳に溢れた人間の魂のなかに幸福を求めなければならない。そしてそうした人間は、おお太陽！ 汝のごとく、自らを取り巻くすべてのものに幸福を与え、自ら好んで不幸な美徳の涙を拭いてやるものであり、それは汝が曙光の涙を拭いてやるのと同様である。そしてそうした人間は、汝のごとく、自らの眼差しを投げかけたすべての事物に豊穣、幸福、そして生命を伝える術を心得ている」[33]。

世界に浸透する関係の拠り所であり、「感じ入る精神」を輝かせるのに打ってつけの、要求の多い快楽の場である太陽は、このように認識されることで、十九世紀の文学や詩にとって偏愛の主題を余すところなく形成せずにはいられなかった。ここでその目録を作ろうとすれば、際限のないものになるだろう。そうした目録であれば、ボードレール、さらにはロスタンにいたるまでさらに遠くへ導いてくれることになるだろうし、それは太陽の効果に魅了されたひとつの世紀を白日の下へさらすことになるだろう。とりわけ、日の出と日没に関してはそうである。そしてその光とは、白昼の日照というよりは赤みを帯びたやや弱い光であろう[34]。世界の闇に囚われていた時代においては、自ら好んで影と夜を支配し、日中は太陽がもたらす危険な苦痛に対して用心し続けることは取り立てて驚くべきことではない。それでも一七五〇年から一八五〇年のあいだ、すなわち大きな嫌悪の体系の小さな間隙において、来るべき快楽の予感のような何かが芽生えていた。それは薄闇からの甘美な出口なのである。

太陽の糧とある快楽の揺籃期

実際には、太陽に結びつけられた恐れは長きにわたって続いている。それでも第二帝政〔一八五二年のナポレオン三世即位から七〇年のスダンの戦いでの敗戦に続く皇帝の退位に至るまでの約二〇年間の帝政時代〕から第一次世界大戦のあいだに、新たな信条に道筋を示し始めていた何かが、太陽を知覚する方法を密かに準備している。この数十年のあいだに、それを忘れないようにしなければならないが、天気に対するさまざまな関係は、相変わらずいくつもの信仰から練り上げられるにとどまっている。田舎においては、人々は村に嵐を引き寄せる「雹《ひょう》の降りそうな天気」を心配し、司祭は偉大な天気の仲介者であり続けていた(35)。信心深い人々は、太陽の出来と収穫の確保のために祈禱と祝福を求めた。一八五四年、プロヴァンス地方においては、聖人ゲンス〔十二世紀の隠者、一一〇四―二七〕に収穫を祈願し、またいくつもの教区においては、良い天気が到来するように、司祭を泉へ浸からせ、靴で水をかけることが習慣となっていた。シャトー＝シノンの近くにおいては、一八八〇年に村人たちはより創意工夫に富んでいた。彼らは自分たちの助任司祭にあまり上手く行くことのない火の試練を課し、司祭の衣服を焦がし、危うく肌を焼いてしまうこともあった。聖職者はそうした戯れに対しては覚悟ができていた。ルーアンにおいては、一八九一年に大司教が司教区の神父たちに公的な祈禱の数を増やすことを命じたが、それは、その大司教が記していることには、「神が自らの口元に笑みを浮かべるがごとく、再び太陽の美しい光をわれわれの畑の上に輝かせ給わんことを」祈るためであった。そして三日間にわたり、聖体の秘跡の儀式に先立ち行列が組まれ、そこでは諸聖人の連禱が唱和された。

こうした慣習は第三共和政下において、そしてときには一九五〇年代まで活況を呈していた。それらの慣習は、太陽に対する称賛が、いかに長きにわたり、自然界に対する実践的で畏敬の念に満ちた関係のなかに組み込まれていたかということを物語っており、自然界においては良い天気が収穫の成功を条件づけ、神といくつもの伝承が天の神秘を分かち合っていた。一八八二年にセビヨによって記録されているのだが、ブルターニュ地方で流布していたいくつかの前兆に以下のようなものがある。「赤い太陽は風を意味する。白い太陽は雪を意味し、もし太陽に足があれば、それは水を示す印である」。そしてそうした前兆は日常生活において太陽がいかに影響力を持っていたかを物語っている。[36]

それでもやはり、それらの認識が変化していないと結論づけるのは論外である。新たなヒポクラテス主義の学説が低調になる一方で、一八四〇年代においては、衛生学が復活を遂げることによって、太陽には新たな医学的な確信の錘がつけられた。そこにおいてはフンボルト〔プロイセンの博物学者、探検家、地理学者、一七六九―一八五九〕の読解が重要な位置を占めている。フンボルトは旅行の折に、ペルーやカリブの人々が彼らの体の美しさによって他の民族と区別されることに着目しつつ、太陽に身をさらすことを、それまでには無かった生理学的な美徳の場としている。フランスの学者たちは、約一〇種類の動物たちを太陽との接触から隔離することで、その証拠を確立している。「それらの動物たちの器官や四肢はかなりの量の液体によってしっかりと豊かなものとなり得るが、それらの動物はその活力やエネルギーを提供することはできず、太陽の光だけが彼らにそれらを与えることができるのである」。とどのつまり、太陽は人間に栄養を与え、組織を発達させ、臓器を活性化させる。いくつかの衛生学の概論は、太陽の光を浴びる頻度を規定し始める。とりわけ、子供を持つ親は、自分たちの子供を太陽にさらすことを奨励されている。「もし子供を、薄暗く風通しの悪い湿度の高い部屋で、あるいは大都会の狭く暗い通りで育てるならば、遅からずその子供が衰弱し、われわれの文明の忌まわしい傷であるところの腺病に罹るのを目にすることとなるだろう。そうした子供は、嘆かわしい声を出すたびごとに、それが自分に陽の光を与えてくれることを求めて差し向けられる懇願のように思われるのだが、虚弱で青白くなっていくこととなる。したがって、そうした子供は早く田舎へ送って新鮮な空気を吸わせ、欠如している太陽の光を浴びさせなければならない。太陽の作用の代わりとなるものなど何ひとつないのである」[37]。

そしてそうした言葉は世間に流布する。それは上流社会において、何人かの熱心な使者たちの言葉のなかに見られる。ミシュレはそうした使者たちのひとりであり、四〇年にわたってすべての社会のために衛生学に関する標語を掲げている。「あらゆる花のなかで、人間という花は、太陽をもっとも欲する花である」と、ミシュレは一八五九年に『女』のなかで書いている。続けてミシュレはこう記す。そうした花にとって、熱狂した太陽は、「人生において一番でありかつ至高の先導者なのである」。そして太陽の「光は頭上から降り注ぎ、あらゆるところを通じて奥に退いた神経にまで浸透し、そこから神経組織全体の、すなわち感覚と動きの器官全体の脊髄が現れる」[38]。

空気、光、そして太陽による療法の医学的な流行が具現化する。しかしながら、太陽そのものが衛生学者の世界にしっかりと根づくのは、十九世紀末のパストゥールの仕事の足跡においてであることに異論はない。当時、空気、水、塵芥のなかや、学校の校舎内、粗末な家屋、ブルジョワのアパルトマンといったように、化学者たちがその存在をいたる所に発見していた微生物のぞっとするような侵入によって、浄化作用と治癒作用のある太陽に対する崇拝が活気づいていた。そしてまだきわめて若かった共和国は、瞬く間にそれを公衆衛生の中心に据えた。ボナール医師が要約しているように、太陽は循環、呼吸、消化、成長に作用するがゆえに、太陽は「医者にとっては、ひとりの助手よりも有益であり、治療薬である」。大自然によって高らかに健康を謳い上げる人々は、こうした新しい真実に対して典礼の様相を呈している[39]。結核に対しては太陽を、住居にはびこる病原菌に対しては太陽を、さらには、子供たちをつけ狙う退廃から街の貧しい子供たちを救うためには太陽を、といった具合に。一九〇〇年頃に国を席巻していた休暇中の散歩、休暇学級、臨海学校に対する大きな熱狂は、太陽の正当性を余すところなく伝えるものである。一九〇五年には、医学ア

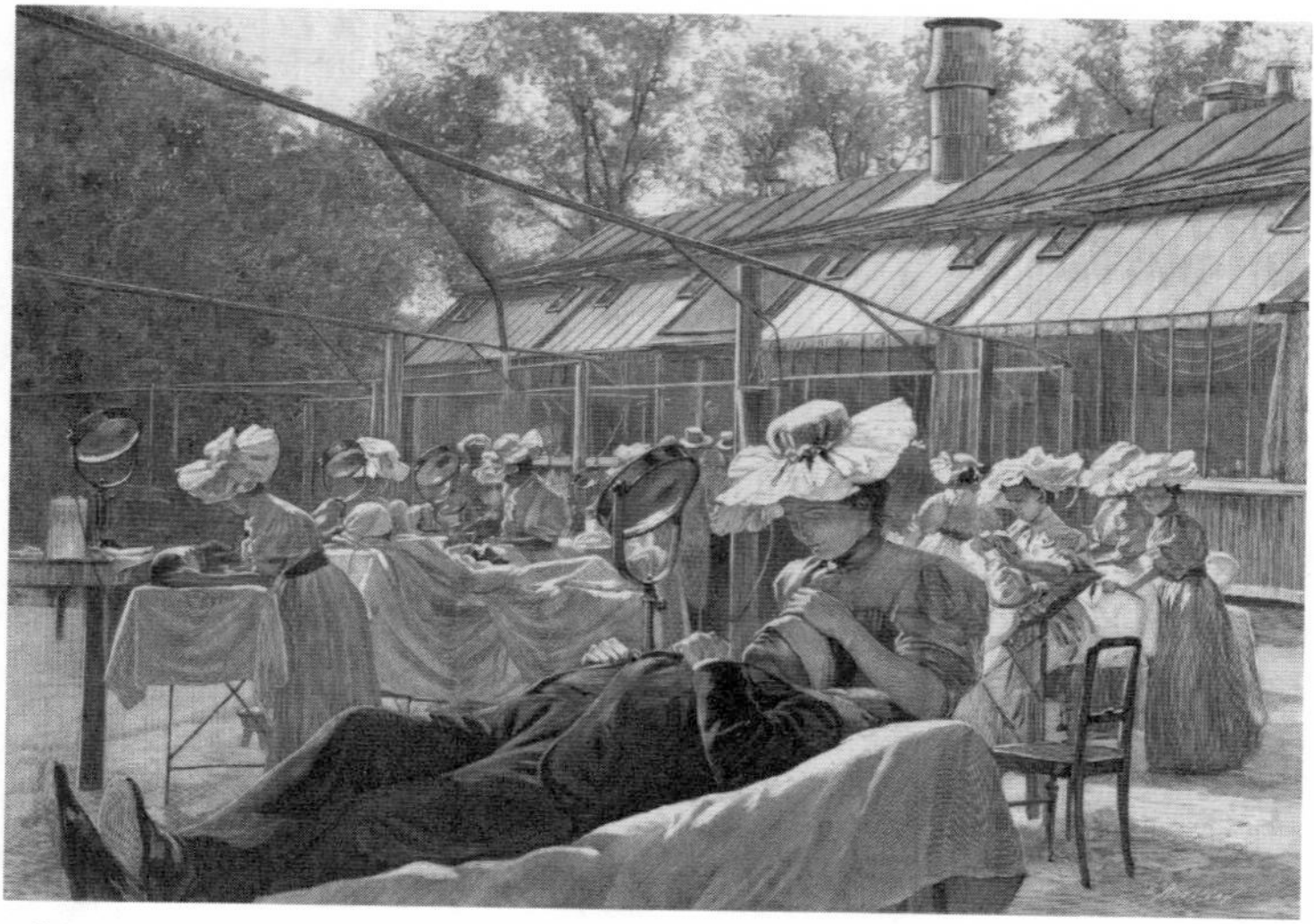

「病を癒す光。日光浴療法のセッション」『イリュストラシオン』（1901年）

カデミーによって音頭を取られたあるポスターキャンペーンがそうした出来事を簡潔に伝えている。国内の家族の母親たちに対して、そのキャンペーンは二つの健康の秘訣を何度も繰り返している。それはすなわち、住居の換気をよくし、毎日少しでも子供たちに日光浴させることである[40]。

こうした「太陽を浴びること」への関心には、それまでになかった快楽の約束が伴うこととなる。一八六〇年にレンバッハ〔ドイツの画家、一八三六―一九〇四〕が描いている羊飼いの少年は、太陽の下で午睡する姿を表しているが（口絵5参照）、それは一八九〇年代に中流階級の人々がその味わいを発見した草上の戯れであり、また世紀末にあれほどまでに強く訴えかけていた異国趣味の想像力は太陽の光にすっかり満たされた女性を夢想させ、そうした欲望は、アルジェリアにおいてモーパッサンが言っているように「光による激しい眩暈[41]」とも合致するものであるが、それらはこうした初期段階の魅惑を刺激している。そして一方で『愛の一ページ』（一八七八）を書いていたゾラは「非常に甘美で心地よい」太陽が、ジャンヌの青白い肉体のなかに芽生えさせるきわめて幸福な感覚を情景化しているが、それは彼女が「とても優しくくすぐられることで、自身のなかに愛撫のようなものとして大きくなる[42]」のを感じているような熱なのである。他方、プルーストは太陽から生じる満たされた丸みを帯びたさまざまな印象を自ら好んで描いているが、それは事物の真実の生き生きとした暗喩であり[43]、医者たちは患者たちに少し日光浴をして、太陽に腕や頬を浸されるがままにすることを勧めているが、医者たちは快適さを表す言葉遣いで率先して話し、「光を帯びた熱の心地よい甘美さ」を褒めちぎっている。

こうしたことはわずかな回復の兆しであるが、それでもやはり、一九一四年までは太陽がまだ明らかにあまり陽気ではない考察の場にいかに留まっていたかということを忘れてはならないだろう。一八七六年にペンシルヴァニアにおいて日焼けによって三百人の死者が、あるいは一八八二年にパリであたかも「放電に撃たれた」かのように二七人の死者が出たことによって、日光浴に対する恐怖心がかき立てられ、そうした恐怖心は強迫観念のようにつきまとい続ける[44]。この「日焼け」に関しては、当時学者たちがその生理学的なメカニズムを注意深く観察していたが、それはさまざまな恐怖心を一極に集めていた。一八七七年のある衛生学の概論が注意を促しているように、日焼けは「火傷にほかならない。そしてこうした火傷は、ときには程なくして死にいたることもある」。さらにそこには以下のようなことが読み取れる。「日焼けが生じたならすぐに大量のパセリをすり潰し、よく磨り潰した海塩と混ぜ合わせ、湿布を作り、痛みのある患部に直接貼りつけなくてはならない。頭部に熱がある場合は、足を冷たい水で洗い、しっかりと拭いた後、棘のある刺草で擦る必要がある。それからウールの靴下を履き、足をベッドに横たえ、少量のマスタードの粉をまぶす必要がある」[45]。しかしながら、とりわけそこから推測されるのは、学校の教室においてまでそうしたことが指導され、常に太陽には注意をしなくてはならないということだった。田舎の工員や労働者たちは午睡をとるときには日陰に身を置くことを推奨された。「仕事のために日向にいなければならないような」職場の人々は、「白いハンカチの四隅を丸めて」頭上に結びつけるよう気をつけなければならなかった。そして一般的には、軽く、鍔が広く、なかには一握りの葡萄の葉を敷き詰めた帽子が必要不可欠だった[46]。女性にとっては、長いあいだ、帽子、体をしっかり覆うブラウス、ゆったりとしたスカート、そして日傘が晴れた日には不可欠であった。デパートの広告はこうした体をすっぽり覆うことへの長きにわたる執着を証拠づけている。一八七七年の夏にボン・マルシェは意気揚々と以下のように宣伝している。「太陽の焼けつくような光線に対抗するために、素晴らしいアルパカの毛織物をお買い求めください」と。

同時に、この数十年間は、天気に関する諸関係が大きく変わった時期でもあった[47]。一八六〇年以降、気象観測者相互のネットワークが国中に組織され、教師や各地の名士たちは気圧の計測に参加し、そしてとりわけ気候を観察し、それを記述し予測することは人気のある娯楽となった。一八七四年の『雨と好天』という成功を収めた概論書のなかでローランサンは、今や天気は、「親密で、家族的な、ときに儀式に際して、ありふれた、社交的な関係において、これほどまでに大きな位置」を占めるようになっている、と説明している。そしてその問題に関しては、入念にコード化される必要があった。空のさまざまな色調、明るさの度合い、良い天気と「悪い天気」といったことが精緻な合理化のための議論の場となった。たとえば「良い天気」に関しては、以下のような事が学ばれることとなる。それはその「良い天気」という表現を「空の微妙な色彩がもっとも澄んだ青色になり、太陽が燦々と輝き、われわれに恩恵をもたらしてくれる熱を送ってくれているあいだの大気の状態[48]」を記述するために取っておかなければならない、といったことである。数十年のあいだに、気象に関するいくつもの問題は、魅力的な舞台の様相を呈するようになり、その中心において、太陽は無数の印象を生み出すこととなる。こうした新しい感性を普及させることに熱中したカミーユ・フラマリオン〔フランスの天文学者、作家、一八四二―一九二五〕のいくつもの著作、

ボン・マルシェのためのポスター。ジュール・シェレ（1877年）

とりわけ彼のあの有名な「気球のつり籠から見た日の出」の描写においては、空はそれまでに気づかれていなかったさまざまな魅惑で満たされている。彼は一八八七年にこのように記述している。「大気に関わる自然全体は、日の出を迎え入れようと喜びで浮き立つ。遠くの雲は、沈む夕日に照らされて真っ赤に染まりアルプスにも似ている。もっとも軽やかな水蒸気は淡い桃色に染まり、光り輝く天体の紫に染まる層からあらゆる方向へと光の束が広がる。そして上空の雲は煌めく刺繡模様で縁取られる。われわれはもはやひとつの地方の住人ではなく、無限に広がる世界の住人であると感じる」(49)。

太陽のさまざまな効果に関する趣味は、自然についての古い神学から切り離され、文学のなかに取り込まれ、そのもっとも輝かしい表現を見出し、それに加えて「太陽にすっかり照らされた風景の流行」の真っただなかで、当時の絵画のいくつもの概論が続き、印象派はそうした風景を自らの商標とした(50)。それは耽美主義者の感性であることは確実である。それでもやはり、そこまでで満足してしまうのは論外である。というのも、共和国の教師たちもまた、そうした風景を新しい学びの場としているからだ。子供たちを書物による知識から解放し、「感覚の教育」へと変わることに関心を抱いていた教師たちは、子供たちを気象の解読へと導き、彼らに雲の流れを追い、太陽の変化するさまざまな姿を記述することを学ばせた。賞を授与することによって、子供たちは田舎を駆け回り、太陽がもみの木、橅、楢に染めつけるそれほどまでに異なるさまざまな色の違いを味わうことが推奨された。読書のための書物は、そこから教室においてそうした趣味をいきいきとしたものにすることを自らの使命として負っていた。あの有名な教科書であるフランシネが二世代にわたる生徒たちに説明していることだが、「陽気な太陽」という表現は、自然を愛することを学ばせ、また美とは何かを教え、太陽はその光によって「すべてのものの半面をより美しく見える」ようにするものであり、そして最後には道徳を教え込み、太陽は「控えめな人にも大胆な人にも輝く」ものであり、「すべての人々に惜しみなく与えられる善良さ」[51]を体現している。そしていくつもの作文の題目は、当時生徒たちに彼らが冬よりも夏を好むと書かせるように強く配慮していたのだが、それは「天気が良く、太陽が輝いているから」であり、「その方がいつも寒いよりかは快適であるから」であり、太陽が降り注ぐ天気についての新たな知覚が覚醒していることを確証している。[52]

兆候を示すような価値の転倒は相当なものであった。そこで問題になっていたのは、太陽との特別な関係である。それは距離を取った、私利私欲のない、要するに「ブルジョワ的な」関係なのである。感じ取るべき印象の集合に還元され、見世物を読み解くような流儀で扱われ、さらに言い換えれば趣味と感性の純粋な問題に昇格させられて、太陽はそのように次第に、それまで結びつけられていた実際的、生産的かつ農民的な見方から引きはがされ始める。

「そばでもなく、どこでもではなく、太陽の真下で」

以降続く半世紀は、こうした知覚の体系を転倒することとなる。一九二五年から一九六五年のあいだに、太陽を避ける対策は時代錯誤に陥り、身体は太陽にさらけ出され、いくつもの新たな快楽が太陽との接触において生み出され、そうした気象に関する想像界はすっかり刷新された。一九二八年に出版された、ある短い中編小説「太陽」のなかで、(『チャタレイ夫人』の作者である)あの悪魔的なローレンスは、こうした目眩を催させる変容をおそらくもっともよく想起させてくれるのであり、われわれはその忘れっぽい継承者なのである。冬の終わりに医者たちによって「太陽へと」送られたヒロインは、上品な階級の若い母親であり、両肩から踵までほとんど裸の状態で太陽に身を捧げる。そして太陽の熱が彼女の「骨の髄まで」そして「さらに遠く彼女の感情と思考にまで」入り込んでくる一方で、彼女は自分のなかで、力強く、燃えるような、彼女の知らないひとつの野性的な生が次第に大胆になるのを感じている。そしてこの温かくどっしりとした曖昧な幸福感のなかで、彼女は「彼女がかつて自分自身のより深いところに持っていたものが花開き、解放されるのを感じていた。自分の存在のなかに隠されていたある神秘的な力が、彼女の意識や意志よりも深く、彼女を太陽とひとつにしていた[53]」。

一九二〇年代以降、現代のブルジョワの若者たちのなかにある、こうした新たな称賛の体制の到来を告げるこうしたテクストは豊富にある。『フォード』誌が断言しているが「七月の初めから、われわれはみなパールシー〔インドに住むゾロアスター教の信者〕になるか、あるいはお望みならゾロアスター教の信奉者となる。つまりわれわれは太陽を崇めるのである[54]」。そして夏がヴァカンス、浜辺、風俗の緩みと同一視され始めると、太陽はそれまでには無かった味わいや欲望で飾り立てられ、コレットからマルセル・エメにいたるまで、その時代の作家のペンの大部分をひきつけている。一九三四年のある一冊の本が書き留めているが、太陽は「甘美な麻痺」、「心地よい痺れ」を分かち与え、それらの影響力のもとでは「いかなる思考も脳内を駆けめぐることはもはや不可能であり、陶酔、途方もない幸福感で完全に満たされる。太陽は肌を焼き、肌や血液のなかに入り込み、それはあたかも新たな命が浸透するかのようである」[55]。一九三五年にポール・モランが書き留めているが、これらの「神秘的な力」「太陽の糧」は、心地よい感覚によって肉体に限りなく宿り続ける。それら力や糧は本能を擁護するものであり、身体を「原始的な活力」で活気づけ、身体の自然な機能の力において、身体を開花させ、完全なものにし、若返らせる[56]。

ファルグが言うように、春に現れる雲間から漏れる光の筋もまた心を満たすことがあるが、太陽の降り注ぐ天気の下での恋愛は、街を軽やかなドレス、露出した腕、体が熱くなる心地よい感覚で満たしており、太陽、すなわちこの「騒々しく煩わしい生き物[57]」の特権をわが者としているのは、なんと言ってもやはり夏である。そして太陽とともに、ヴェールや手袋といったものは、現代の若い娘の服装一式から放棄され、一日のもっとも暑いときにも涼しさを保つような習慣は次第に失われ、それまで考えられなかった太陽の新たなさまざまな使用法が生まれる。肌を焼くことがそうした習慣のひとつであり、それひとつだけで既に肉体と太陽の新たな乱痴気騒ぎを体現している。一九三二年にコレットが興奮とともに書いているが「身体は並びあって転がっていて、たったひとつの欲望、すなわち肌を焼くことだけによって活気づいている。身体は太陽の愛撫に身を任せ、完全

セーヌ河畔のデリニー水泳場での日光浴（1934年）

にとまでは言わないが、可能な限り裸になっている」[58]。たとえば、他には類を見ない『肌を焼く技術。太陽で美しく日焼けする方法』（一九三六）といった書物のように、女性誌や実践的な教科書は、長期にわたって日焼けの形式を定式化している。健康、美、そして社会的権威に関する用語を交え、そこで構成される濃密な言説は、何よりもまず夏の太陽が可能にしてくれる生活様式を野性的なものにすることを称揚しているが、それはアルジェにおいてカミュをあれほどまでに魅了した生活様式にも似ており、黒く、「黒人の」「黒人の子供のような」といった言葉で形容される身体に対する歓喜であり、そうした身体は一時彼らの原始的な生活へと立ち返っているのである。

肉体そのものに刻み込まれてはいるものの、

そのような悦楽は単に感覚の問題だけではない。それは戦争によって疲弊し切った国の生物学的な要請にも寄りかかっている。ゆえにそこで医者が突出した役割を果たしているということには何も驚くことはない。生物気候学というのは、植民地の医学に影響を受け、風雨の身体に対する影響を研究することに関連しており、こうした太陽に対する情熱に、学問的基盤を与えている。医者たちは感銘を与えるほどの一連の仕事に関わりながら、赤外線の「鎮痛作用」、そうした作用が細胞にもたらす恩恵、さらには「末梢神経、交感神経、そして感覚神経のつながり」に関してそうした作用の影響がもたらす「内的な幸福感」[60]について述べている。一九二七年に日光浴の促進のための国家のキャンペーンに乗り出していることから、医者たちの熱意の程がより分かる。[61]そしてさらに数年後、「世間の人々」[62]が自らを解放するその過剰さに当惑して、もと来た道を引き返そうとするが既に無駄であろう。身体と太陽の新たな調和は、医学的な確信とかけ合わされ、生活習慣のなかへと移っていった。

さまざまな行動に際して、健康、充足、現代性といった評価の範疇が複雑に入り組み、現代の快楽のレパートリーのなかに太陽の味わいを書き込んでいく。その代わりに、それによって場所や季節に対する関係は根底から覆されていく。日照時間が地方のアイデンティティー構築のなかに入り込み、それを確立することは当時多くの関心を集め、国内の感情に関わる地図を一気に書き換えてしまう。一九三八年には、アカデミー会員だったモーリス・メーテルランクが『夏はコート・ダジュールでお過ごしください。雨は降りませんから！』を刊行する。彼はこのように述べている。「太陽がもたらす、乾いた、風通りが良く、軽やかで、微風が吹き抜ける熱は、耐え難いどころか、人間の身体にとって理想的な温度であり、すべての感覚と、静かで簡潔な生きる喜びが開花する温度であり、ひとことで言えば幸福の温度である。というのも、忘れてはいけないが人間は何よりもまず暑い国の動物なのだから」[63]。

しかしながら、太陽の差す天気への欲望が頂点に達するのは、第二次世界大戦直後のことであることに異論はない。太陽は現代性の疑いようのない様相を呈している。広告は洗濯機、洗剤、トランジスターラジオといったようにあらゆる味つけで太陽を調理し、太陽を使って幸福感を具現化している。太陽はヴァカンスが成功するためには必要不可欠となり、ヴァカンスそのものは国家の発展と個人の自己実現の象徴となった。一九六九年には以下のようなことが読み取れる。太陽はヴァカンスの真実であり、ヴァカンスが「人生そのもの、すべての次元において充足し、再び見出され、消費され、体験された生活といった、そうあるべきものになること」を可能にする要素であり、「太陽からは必然的に快楽主義が導き出される。太陽は熱に身をさらすこと、肌を焼くこと、感覚的な喜びを約束し可能なものとし、そしてそれらを通じてきわめて身近なエロチシズムを教示する」[64]。文学——たとえばサガンの『悲しみよ、こんにちは』(一九五四)は熱気で圧倒されており、あるいは『タルキニアの小馬』(一九五三)は、デュラスがそれをおそらくもっとも偉大な太陽の小説とみなしているが、息苦しくさせるような他に類を見ない太陽が描かれ、その存在がどのページをも締めつけている——あるいは、さらに後の時代になると、若者の青春時代を形成する大量の「ポップな」シャンソン――たとえばフランソワ・デュゲルの『空、太陽、そして海』(一九六五)や、ゲンスブールの『剝ける肌』(一九六四)や『太陽の真下で』(一九六七)――は、太陽を気楽さ、現代の気象的な風景の象徴としている。そうした特徴は、大量消費文化に関する社会学者たちが気づかないはずはなく、エドガー・モランの流儀に従えば、「ブルジョワ文化」の裏面に植えつけられた新たな「個人の宗教」の印を、少し早い段階で汲み取っているのである。

さらにもうひとつ明白な証拠が残っている。それはこの数十年において、天気に関する感性は画一化していくということである。天候の変わりやすさに対するかつての趣味は、霞んでくる。そして長続きする晴天への執着が増大し、それに伴って、「季節ごとの天気」への妄執が画一化し蔓延する一方で、雨に対する嫌悪がそれまでに無かった激しさを持ち始める。ひとことで言えば、太陽は夏を体現し、夏は太陽が無ければ考えられないものとなる。生物気候学の専門家たちは、そうした現象を明らかにしようと研鑽を重ねる。彼らは知覚の閾値を注意深く観察し、どこから魅力を感じ始めるのか、そして「重苦しい天気」の不快さが超過し始めるのはどこからかを割り出そうとする。一九五五年において、彼らは雨と太陽には、まったく異なった評価の様式があることを明らかにしている。すなわち「一時間の雨は、明らかに、五時間の太陽を帳消しにしてしまう」(65)ということである。

当時の天気予報の周囲を取り巻いていた、不安を孕んだ関心の要因のひとつはここにある。アルベール・シモン〔フランスのラジオの司会者、一九二〇―二〇一三〕にはじまるその代表者たちが、自

「ブルターニュ地方ラ・ボルの太陽の浜辺」
モーリス・ロロによるポスター

分たちの周囲に引き寄せてしまっていた一連の苦情に関しては、国内を責め苛んでいた日の差す天気に対する専制的な欲望について述べれば十分であろう。一九六四年にフランス世論研究所が確認していることだが、「フランス人の八九パーセントは」太陽をヴァカンスが成功するために「必要不可欠な」ものと判断している(66)。すぐに保険会社は天気に関するこうした不安の市場の機会を摑み取った。一九六一年には、保険会社は「雨保険」を提案する。それはパンフレットに明記されているように、「悪天候の災害」に対して備えられるようにする、まさに空《そら》の保険証書だった。「一日一・五フランと引き換えに、雨の日には二〇フランの金額を受け取ることができます」。契約書には保証対象範囲外の点についても明文化されている。「恩恵をもたらすような」夜間の驟雨は補償されず、午前七時から午後五時のあいだに雨が降る必要があり、降雨量は一ミリ以上でなければならず、とりわけ雨が降るのが一日では十分ではなく、被保険者が給付金を受け取れるのは、仲介者の手を通じてのみだった(67)。数年しか続かず、社会的には限定的なものに留まっていたにせよ、そうした方式は、数十年にわたり猛威をふるっていた太陽への強迫観念的な趣味を見事に具現化している。それはまた、過去の変遷に目を向ければ、天気に対する機能的な関係の勝利を物語ってもいる。実際、太陽はそれによって天を跡づける光の反射のために重要なのではもはやなく、むしろそれが物事の流れに季節に応じて興趣を添え《アセゾネ》、幸福な雰囲気、あるいはこう言ったほうがよければ夏の空気を生み出し、通過の際には、人間が心地よいと感じることを学んだ、体内に浸透する皮膚感覚を分かち与える力を持っているがゆえに重要なのである。

ここでこの歴史とも別れなければならない。今や悦楽のまさに絶頂期に辿り着いた。そしてそれは人々が、自分たちの身体と精神にとっては、太陽が命を奪うことをあれほどまでに恐れていた二世紀前の一七五〇年頃には優位に立っていた趣味のまさに対蹠点でもある。もちろん一九六〇年のエピソードとその素晴らしい雨保険がさらにそのまま現代まで導いてくれるわけではない。それには以下のことをつけ加えなければならないだろう。「エコロジーの夢想」の高まりによって胸を締めつけられていた一九七〇年代には、再び驟雨の快楽が見出される。一九七三年には以下のようなことが読み取れる。「にわか雨が通り過ぎます。恐れずに、顔、首、腕を暖かい雨にさらしてみてください。雨水は（ほとんど）純粋なものなのです。というのもそれは大気の汚染された層を通過してはいないからです。雨水には皮膚に対しては、緊張を和らげほぐす素晴らしい効果があるのです。それはあなたに提供されるまさしく美のためのシャワーなのです[68]」。また以下のこともつけ加えなくてはならない。この同じ年にすでに先鞭をつけられ、それ以来非常に顕著に増大していくのだが、太陽の危険性に対する告発によって、太陽の光に対するそれ以前にはなかった嫌悪が次第に入り込んできていた。最後に以下のことも付言する必要がある。二〇〇三年の陰鬱な猛暑は、まったく新しい「警戒」によって天気予報を騒がせ、天気の評価において、太陽の過酷さにたいする集団的な不安を植えつけることになった。要するに天気予報の文化は、この二、三〇年来、さまざまな意味合いを帯びてきた。

それでもやはり一七五〇年から一九六〇年にまでいたる二世紀において、辿られた道筋は広大なものであることに変わりはない。こうしたことに関してはいつもそうであるように、おそらくこうした歴史が、大きな輪牧地にすっかりはまり込んでしまい、より細かいニュアンスを帯びた感性を説明できていないとの反論を受けるかもしれない。そうした歴史が、驟雨の後に続く雲間から漏れる光の筋に対する繊細な趣味や、あるいは光の性質に対する愛着、あるいはこれらの取るに足りない物事のために必要とされる無頓着をもそっと伝えてくれることを祈るばかりである。それがおそらく良いであろう。しかしながら、太陽の悦楽がいかに広大な社会的過程の成果であるかということを示しつつ、この歴史は少なくとも空を神の帝国と畑仕事から引き離すこと、そして美しい日を予告するような太陽の光が与えてくれる、一見すると非常に個人的な小さな喜びを立ち上がらせるためには、天気に対して情緒的で、感覚的で、私利私欲のない関係が完全に確立することが必要であったことを想起してくれる。あるいは、すでに多くを述べてきたが、それは以下のような光景を可能にするために必要だったのかもしれない。その光景とは、ルクルーゾの農民であった私の祖父が、まだそれほど年老いていなかった時代に、食事が終わると立ち上がり、鳥打帽を被り、いつもの短い台詞を口にする光景であり、そのなかには俚言で草原の光のなかの散歩を約束する次の言葉が含まれていた。「甘美なる太陽を楽しみに行きなさい」。

（野田農訳）

第3章　言葉を越え、風を越え

マルティーヌ・タボー、コンスタンス・ブルトワール、
ニコラ・シェーネンヴァルド

大人も子供も、誰でもその想像の世界は、時間と空間を旅させてくれる伝承の物語によって豊かなものになる。一八七〇年頃に好奇心旺盛な人々によって蒐集され、書き直され、註釈を加えられた民話が、記述と口承による古い知識の集成に属しているのだが、それは気象学的な不確実性のもとに従属している非常に地方的ではあるが、産業化と都市化が進展し始めた時代のフランスについての知識の集成である。二十一世紀初めのきわめて都会的なポスト産業社会において、民衆文化や地方の文化に対する関心が再び盛り上がっており、そのためにミラン社などのような出版社はこうした民話を刊行するに至っている。「民話の千年」と名づけられたコレクションは一七巻からなる。非常に広範な読者に向けられたこれらの物語や民話は「地方」、土地、「地域」ごとに蒐集されている。それらは登場人物だけではなく、風景や気候を情景として描きこんでいる（口絵8参照）。

こうした記録資料の源泉から風や嵐について研究するのはどうだろうか。こうした筋道へわれわれを向けてくれたのは、ほとんど普遍的と言っても良いひとつの格言、すなわち「風向きを言ってくれれば、天気を当ててあげる」である。あらゆる気象学的な要素と同様に、目には見えない空気の動きである風には、二つの対立する側面がある。それは嵐となる時は物を破壊する災厄であり、それは並はずれたタイタン族の力を具現化しているが、また反対に物を動かす力としてはひとつの恩恵であり、そうした力は時代の流れと共にひとつの完成した技術によって使用されている。われわれが分析を試みるのは、ここに提起される両義性である。

気候を描写するに際して、すべての民話が同じ言葉を使用するわけではない。局地的であると同時に普遍的なひとつの知識の獲得についても事情は同様である。

風の吹くままに

風を吸い込むこと

風や嵐は民話や伝説においては非常に頻繁に登場する。ミラン社によって編纂されたコレクションにおいて、風に関してはおよそ百以上もの異なる言及があるが、嵐に関してはその四分の一である(1)。前者の数が上回っているのは、とりわけ国や地方の言葉が多岐にわたっていることで説明がつく。風がもっとも頻繁に強く吹く場所、すなわちプロヴァンス地方、ラングドック地方、そしてブルターニュ地方においては、そうした言葉の使用はもっとも数が多い。風に関してはさまざまな言い方がある。たとえば、「風」や「嵐」といった語に加えて、「雷雨 orage」「竜巻 tornade」「突風 bourrasque」という語は、その激しさに関連づけられており、他方、「寒風 bise」「烈風 cers」「ミストラル mistral」「暴風雨 ouragan」「ポンティアス Pontias」「北西風 tramontane」「リヴァント livante」「南西の風 suroît」「ヴォデール vaudaire」「激しい南西風 vent d'autan」といった語はその起源に典拠があり、「大洪水 déluge」「波動 houle」「波しぶき embrun」といった語はそれらの風がもたらす効果に力点を置いている。以下はそうした言葉の詞華集である。「烈風が吹くと瓦が落ち、大量のお金が落ちてきた」(3)。「早朝に、霧のなかで、烈風が吹く前に」(4)「オリーヴの森の彼らの城壁を慎重に開けると、彼らはミストラルを解き放った。風は強く一気に吹き上がると、外へ飛び出し、通り過ぎるときにはあらゆるものを吹き飛ばした」(5)「嵐のせいで航海は過酷だった。[…]彼がそっと水平線を見ると、そこから雲が湧き上がり、波しぶきを伴った風の唸る音にだけ注意を払った」(6)「激しく吹く北西風は、砕け散る水晶のように葉を落とした」(7)「大洪水は朝になって漸く収まった。それから寒風が吹き、空には雨粒ひとつなく、大地は乾いた」(8)……

「大洪水」という言葉の使用が興味深い。というのもそれは後戻りできない時点を示しているからで、その時大気は爆発し、過去は白紙になってしまう。単に風は前代未聞の激しさであるばかりか、雨が凄まじい勢いで襲いかかるだけではなく、人間はこの劇的な激しさの狂気に直面して完全に途方に暮れているが、そうした狂気の後に、まったくの虚無から新しい時代が開始される。

そこで想定されている宗教がどのような物であるにせよ、風は物語の冒頭から空間を印づけるものとして現れている。つまり風は話の筋の舞台装置を配置するのに役立っている。たとえば、いくつかのブルターニュの民話においては、風の吹く荒野には小さな妖精たちが住んでおり、彼らは自分たちのベルトの周りにくくりつけた角笛を吹くのだが、その物語の舞台をアルモール〔ブルターニュ地方の沿岸部〕にしっかりと定着させている。「荒野に風が吹いていた。決して何もそれを止めることはできなかった。もし畑から帰るのがあまりにも遅くなってしまったら、コリガン一味に襲われる危険性があった」[9]。さらには「この時代、マルク王はコルヌアイユ〔ブルターニュ地方の西部〕の王だったのだが、その国は世界の果てにある、海と風の国だった」[10]。

他の例においては、風は、多くの場合は冬、ときには秋といったように季節によって時間を導入している。「冷たい風が吹き始めた。それは黒く深い森のなかで唸るような音を立て、岩を削り取り、草叢を根こそぎにしていた。冬はもうそこに来ていた。あと数時間もすれば、雪がすべてを覆い尽くしにやって来そうだった」[11]。「彼は風が戯れに吹く葡萄畑が好きだったが、葡萄畑の上には九月になるとすぐに青いモリバトの群れが飛び過ぎていった」[12]。「それは秋の大潮の時で、外では嵐が猛威をふるっていた」[13]。

アルザス地方においては、「冬至近くの夜」、すなわちクリスマスと公現祭のあいだの十二夜(Raunächte)〔クリスマス(十二月二十五日)から主の公現の祝日(一月六日)までの十二夜〕には風が吹く。そのように植物が生えない季節が始まり、日が短くなるにしたがって恐れもその力を増す。「冬至近くの十二夜はまたRaunächteであり、山の上に風が唸り、上空では雲を追い払う嵐の夜である」[14]。

おとぎ話というのは、「昔々あるところに」という言葉で始まるものであるが、地方の民話はその土地を特徴づけ、物語の縮小された時間のなかでその小さな物語が展開される瞬間を位置づける気候と結びついている。「その田舎は静かだった、風の唸る音を除いては。広大な空には、風が激しく吹き、地平線の方へと空は低く降りて来ていた。そして雲の切れ目から、満月が見えていた」[15]。「三月の心地よい風が幾艘もの船の帆を膨らませていた。そしてそのような風景は遠くから見れば、太陽と水の煌めきのなかで、あたかもカモメのように見えたかもしれない[16]」。「風が嵐のなかを吹くある日、カモメたちは鳴き騒ぎながら波の近くを何度も旋回し、川は渦を巻く水を膨張させ、砂を岸辺に巻き上げていた[17]」。

気候に関わる要素は、物語の冒頭の文に即座に導入され、読者や聞き手の視覚的かつ聴覚的感覚に働きかける。実際、風景が静的なものであっても、風あるいは嵐がその土地に展開され、さまざまな事物に「吹きかかり、唸り声をたて、払いのけ、膨らませる」。

風の吹くままに回転すること

加えて、その名称によって、風はある共同体によって特定の土地と結びつけられる。それはたとえ、ミストラル、北西風、烈風、寒風、南西風、そして東風などのように地域的な階梯に属する場合であっても、あるいはポンティアス、南西の風、さらにはヴォデールなどのように局地的な階梯に属する場合でもそうである。「激しい南西風自体はさらに強く吹き始め、ついに人々の頭を回転させた[18]」。「ある冬の夜、凍りつくような風がレマン湖の北岸に吹いていた。［…］小舟はヴォデールによって波打つ水面を滑っていった[19]」。「ミストラルにはたったひとつしか声がないわけではない。それには、まるでオペラの壮大な合唱のように、うめくような、こだまするような、唸るような、轟くような……といったようにおよそ百もの声がある[20]」。

ミストラルは、一二のプロヴァンス地方の民話と二つのコルシカの民話に登場するように、はるかに多く引用されている。それは東と南からの風によって雨を追い払い、雲を払いのけ、大地を乾かし、木々をたわませる。それはフランスの南東部四分の一の住民の生活の構成要素を成している（口絵6参照）。

したがって風は各地で何度も現れる気象学的要素であるが、それに対して嵐は、ブルターニュ地方、オニス地方、サントンジュ地方、ウェサン島、さらにはコルシカ島など海に面した地方の民話のなかでより頻繁に呼び起こされる。海は風と共にその色や表面が変化するが、間接的に気象条件を証拠づけるものともなっている。そのため海はいたる所に現れる。実際、海はまた漁師、港で働く職人、商人たちの日常の領域なのである。こうした沿岸部の社会において、主人公はたとえば、共同体に受け入れられるために自分の力量を示さなければならない漁師の見習いといったように、往々にしてそうした人々の集団に属している。そのような主人公はときに、海や大海での航海と試練を耐え忍んだのち、国へと連れ戻してくれる秘技伝授の旅を体験することがある。「翌日、ジャン＝ドゥ＝ラレは再び水門の方へ釣りに行った。空は暗く、上潮は騒めき、風が吹くなかで、彼は、自分たちの妹を殺されたことで彼を責めているセイレーンたちの声を聞いたような気がした[21]」。

海は現実的かついわく言い難い恐怖の対象である。「荒れ狂う水」というのは神の怒りの原初的なテーマのひとつであり、船の難破や船乗りたちが危機にさらされることをモチーフにした民話もまた非常に多く存在する。[22] 波のうねりは人生の困難を象徴し、船は生者あるいは死者によって達成された航海を象徴するものである。たとえば、ある嵐の場面は全能の存在の怒りを表すものであり、神の意図、予告、そして一般的には懲罰を表現したものである。嵐の物語とは出来事の流れに修正を加えるような既に使い古された文学的過程である。海とは、常に何かを飲み込み、食い尽くしてしまうことがあらかじめ準備されていて、不確かで、動きに満ち、怪物や謎に溢れ、大気の気まぐれに服従しており、主人公にとっては顔の無い敵であり、自らの運命を乗り越えるために打ち勝たなくてはならない神話的な敵対者なのである。「船は進んでいたが、何度も跳躍を繰り返し、波に打たれ、揺れていたが、強い西の風によって沿岸へと導かれていた」「その時、一陣の風が船を揺り動かし、空は暗くなった。漁師は驚き、視線を上げると、水平線の彼方から巨大な波が出現したのを目にした。その巨大な壁は青白い光の下で輝いていた(23)」。

海の恐るべき性質は、すべての島民たちの物語においては、風によって明らかにされるが、ブルターニュ地方の民話においてだけはそうではない。ある島は難攻不落の要塞であり、歴戦の船乗りたちにとってさえ接近不可能である。その島の周りにはあらゆる危険があり、悪天候に結びついた恐怖が結晶化されている。「遠く、海の上で、ウェサン島は風と嵐と戦っていた。船乗りたちはその島の岸を恐れていた。というのも『ウェサン島を見た者は自分の血を見る』と言われていたからだ」。風と嵐は住民たちのアイデンティティーや生活習慣の一部を成している（口絵7参照）。嵐の夜には、島民は自分たちの家に閉じこもり、突風や事故から避難する。それはおそらく風や嵐からの呼びかけに引き寄せられないようにするためなのではないか。というのも、こうした大地と天とのあいだの空間において、人間は、さまざまな要素とほとんど神秘的とも言える関係を保つ闖入者だからである。

夜、彼女がベッドに横たわると、風のなかにいくつものうめくような声が聞こえていた［…］。ある嵐の晩に、モナは風に運ばれてきた長い啜り泣く声で目が覚めた。海の波しぶきが窓を叩き、海は荒れ狂い、そのうめくような声が聞こえていた。海は岸辺の岩に激しく襲いかかっていた。［…］そういうわけで嵐が彼女を外へと引き寄せているかのようだった。彼女は外へ出た。戸口で彼女は雨と風に襲われ、彼女の痩せ細った身体を海の波が鞭打ち、荒野を吹き払っていた湿った風のなかで、彼女はある温かい声、誰かに愛されたうめく声を聞いた。(24)

島民たち、そして一般的には沿岸近くで暮らすあらゆる人々の生活様式というのは、海の状態に密接に依存している。こうしたことから、それらの人々は嵐の前触れとなるような兆候を見分ける術を学び、警戒することができる。(25) 加えて、強い風に関する文献が保存されてきたことは、嵐がどれほど重要なものであるかということを示してもいる。アイルランドにおいては、一八五一年の人口調査の際には、既に嵐の年代記とその記録がなされている。そうしたことは一連の嵐に関する図像が拡散されていることからもわかる。激しい風の表象は定期的に活気づいている。たとえば、一九九一年に刊行され、その後四度再版された、ピーター・カーによって語られた一八三九年の大風(Big Wind) などが挙げられる。

絶え間なく繰り返される「風の戦い」はプロヴァンス地方とラングドック地方で展開される。地中海沿岸部は実際、大地の風、ミストラル、烈風、北西風、そして海からの風、海風、南西風、ギリシア風などさまざまな方角から激しい風の吹く地域である。それらの風のなかで一番知られたミストラルは、身体や事物を刺激している。それは破壊と再生をもたらし、人間に対しては、酩酊と神経過敏を引き起こす。プロヴァンス地方に暮らすということは、こうした「君主の」風、支配者であり、「見事な」北西風《マエストラル》と共に生活するということである。その風はこのように脅迫する。「私が外に出ることができたら、お前たちのオリーヴの木を根こそぎにし、お前たちの屋根から風見鶏を引きはがし、橋のアーチをぐらつかせ、お前たちの通る道を埃の波の下に消し去り、お前たちの泉の彫像を壊すだろう(26)」。

ローヌ渓谷では、ミストラルは他の風たちを支配している。それらの風のなかでは、「ナルボンヌの風」は春に活気づき、霜を予告する西の風であり、「海の微風」は南西からの風で、それが吹くことで「ご婦人方」「お嬢様方」さらには「トンボ」までもが爽快になり、より激しく吹けば「ラルガルド largarde」(沖からの風)という名前になって雨をもたらす。また「東風」は北東からの風であり、北西風というものもあるのだ……。

ミストラルは完全には飼い慣らされることのない風である。それはコンタの境界にまで達すると、もはや約束に縛られてはいないと感じて、少しばかり緊張をほぐすことにした。それから次々に丘の斜面に野生の馬のように飛びかかり、次から次へとオリーヴの木を邪険に扱い、いくつもの風見鶏たちをひどく不安にさせ、いくつもの橋を揺らし、いくつもの道も埃まみれにし、泉の参道にあるいくつもの像も壊してしまった[27]……。

世界は語り、水は流れ、風は吹き、時代は移り変わる

既に見たように、風と嵐は特別に人間的な属性を付与された真の意味での対話者として描かれている。民話における神性とグロテスクな滑稽さのあいだで、それらは住民たちによって住まわれ、認識され、夢想される空間の魅力的な部分となっている。それらにはその地方でよく使われるファーストネームがつけられている。それらの風の振る舞いと情動は、人間のそれにも似ている。リエージュ地方のラロッシュでは、風は「ジャン・ダヴァン」(Jean du Vent)と、ソム＝ルーズでは「ジャン・ディ・ヴィ」(Jean de Bise)と呼ばれ、コレーズでは北の風は「ザン・ドーヴェルニュ」「ジャン・ドーヴェルニャ」あるいは「ジャン・ドーヴェルニョ」である。さらにフォレ地方では、「ジャンナ・パウ」は冬に煙突のなかで唸る風を指す。コート・デュ・ノールの沿岸部では、西の風は「バナール父さん」であり、それは雨である「バナール母さん」と結婚している。冬には、強い風が吹くと、ポワトゥーでは「ダリュは外」と言う。そしてダリュはまた、ベリー地方では、霜焼けを擬人化したものであり、子供たちはそれを「ほら、ダリュが来たよ」と言うのである。

ノルマンディー地方の「お人好しのアルディ」のように、ガスコーニュ地方の強い風は、多くの

場合は男性の属性を持っている。「一陣の風、微風、南西風よ、扉を開けろ。俺たちはなかに入るぞ」。ブルターニュ地方では、風は巨人に似ている。彼らは島には住んでおらず、遠くの森や山に住んでいる。民話は「風の洞窟」についても語っており、それはトレギエの船乗りたちによれば、ブロアン・アンテル・ノズ——すなわちノール県に位置しているということである。

それでもやはり、それらの風の生活様式は概して慎ましいものである。英仏海峡の水夫たちとガスコーニュ地方の農民たちは、それらの風に自分たちと同様の仕事と娯楽を与えている。たとえば、風はガツガツと食べ、酔っぱらい、気晴らしのためにカードで遊び、山で仕事をしている。それらの風の指揮官はノール県出身であり、それらの風に気分に応じて大地や海へ吹きに行くよう命令を下す。あるガスコーニュ地方の民話は、そういった風にマントを着せ長靴を履かせた姿で表現している。仕事の後、風たちは、たいてい日没後に、住処へ戻り、食事をし休息する。

それらの風は概して独身であるが、先述の通り、オート＝ブルターニュ地方では、西の風は雨と結婚している。他の大気現象と同様に、それらの風には母がいて、七つの風の母は、家を持ち、それらの風が夜家に帰ると、彼らの元気を回復させる夕食を準備してくれるのである。母は年を取り、髭が生え、大きな歯をしている。

こうしたアニミズム的な着想は語の本来の意味における民間信仰の領域に、というよりはむしろ神話の領域に属している。それらの風はそれ自体が実際に影響を与える実体としては描かれてはいないが、悪魔、妖精、鬼といった超自然の登場人物の、あるいはそれらの風を従属させ、興奮させたり、落ち着かせたり、自分の意のままに操る魔法使いの力のもとに位置づけられた自然の力として描かれている。たとえばこのようなことが語られる。コート＝デュ＝ノール地方で激しい旋風が発生し、悪魔が誰かを連れ去っていくといったことである。ポワトゥーでもまったく同様に、サタンが草原の干草を吹き上げる旋風の中心にいる。バス＝ブルターニュ地方では、司祭は陰謀の共謀者を暴風雨――すなわち恩寵を受けて死んではおらず、国から追い払わねばならない者の魂へと変えることができる。司祭は窓を開け、彼らに外へ出て行くように命令する。するとすぐに彼らは猛烈な風となって外へと殺到するが、その風のなかでは彼らの声が混ざり合い、それはあたかも雷のようである。その他のさまざまな自然現象の登場人物たちは風の突然のひと吹きに関連づけられている。ボース地方では、悪戯な妖精たちは収穫物をひっかき回す旋風のような様相を呈することが時々ある。風が激しい場合は、暴風雨はまた蛇に同化され、バス＝ブルターニュ地方の人々は風の龍について話すことが非常に頻繁にある。

風の意味

良いシナリオだけが時間の流れに抵抗する……。民話は生き生きとした魅力的で鮮明な印象を与える語りを用いるが、それによって気象学者や科学者が語ること以上のことを表現することができる。気象は別なやり方で発話され、初めから社会共同体との関係についての重要な問題を投げかける。

風にさらわれてすぐ消えてしまう

ひとつの気象的な事実は民話の時間の中心に季節感を導入し、物語の舞台背景に注意深く目を向ける読者との共犯関係を築くことに役立つが、こうした機能以上に、一陣の風と嵐の突発は、物語の筋においてひとつの断絶を強調する。それは個人的であれ集団的であれ懲罰の象徴なのである。ひとつの警告のようなやり方で民話の冒頭に介入するか、あるいは犯された罪として一度説明される形で、そうした要素が猛威をふるうと、自然と人間とのあいだの力関係は逆転する。プロヴァンス地方のある民話では、ローヌ川を渡る目的で風はアヴィニョン橋の建設を強制的に命令する。彼の願いは最後には叶えられる。

ベヌゼはそれに関してもう少し詳しく知りたかったが、風は非常に怒ったので、彼は従わざるを得なかった。空には雲が積み重なり、雷が今にも轟きそうだった。[…] しかしベヌゼは風の声に逆らいたくはなかった。風はすでに静まり返っていて、彼の耳元で相変わらずアヴィニョンに行ってローヌ川に橋をかけなければならないと囁いていた。(28)

集団的な罰であれ、個人的な罰であれ、そうした要素は過ちを犯した者に猛威をふるう。

ある日、マルスは横柄で恩知らずな羊飼いを罰するために、すべての風の暴君たちに訴えた。それらの王たちのうちの四人が彼を助けることを受け入れ、ある身の毛もよだつ擾乱を引き起こした。トラムンターナ、ミストラル、リヴァント、リベシウが現れた。[…]そして三日間、その擾乱は猛威をふるった。雹《ひょう》はアントワーヌの羊の群れに大きなガラスの球を落とし、その群れは大量に殺された。雷が乾いた石でできた小屋の上に落ちたが、数匹の雌羊は難を逃れていた。他は生き残ってはいなかった。[…]マルスは今にも寒さで死にかけ、その年の他の月にはもう決して挑発をするまいと誓った。[29]

この神話的な民話において、マルスは、月名であると同時に戦と武器の神であるが、雌羊の群れの移動を妨げる春の悪い天気に気を悪くした死すべき人間を咎めたのは彼であった。しかしときに反対に、風は見返りとして現れることもある。そのような場合、風は人間を非難される状況から解放する。航海の折には、目的地に着くために船乗りたちにとっては風が吹くことは必要であり、船乗りたちは風を順風にするための儀式を実際に行う。あるブルターニュ地方の民話においては、成果のあった漁の後、サン=ジャキュの住民たちはその成果を王へと献上すべく、直接本人に持っていくことにした。「そして風は帆を膨らませ、パリへと向かう航路を取った。[…]花が風のなかを漂っており[…]それは微風の吹く日にはまるで海のように揺らめいていた[30]」。

さらに、沿岸部では、風の力は風車の羽を回し、小麦の生産を可能にし、それによって人間は定住生活ができ、生活を保障される。そのように風は身体に対する糧、日々のパンを確保してくれる。加えて、粉挽職人、市場の穀物商人、パンの価格の決定者たちは、田舎の共同体の中心で重要な役割を担っていた。

彼の風車の羽は良い風によって絶えず回り続けていた。そして丘の上には概ね良い風が吹いていて、そこに風車があった。この広大な土地には平野と沼沢地が海の方まで広がっていた。(31)

さらに内陸に行くと、ヴィヴァレでは、病気や死の危険を減らすには、空気の動きが必要不可欠だった。いくつかの民話が証言しているように、風が吹かなければ、生活条件は損なわれる。微生物は腐敗した空気のなかで繁殖し、衛生上の大惨事を引き起こす。あるプロヴァンス地方の民話では、風は囚われの身となっている。エジプトの七つの災い〔モーセたちのエジプト脱出を助けるために神が下したエジプトの災い〕の例に倣って、災いが村人たちに降りかかるが、風が解放されるとそれらの災いは消え去る。

その新鮮で力強い風は、今やわれわれの老人たちを苦しめ、われわれの子供たちや家畜を脅かしていた沼沢地の悪霊たちを追い払っていた。

——風を解放しよう！　その陰険な復讐より怒りと叫びの方が良い！［…］

沼沢地の瘴気はその新鮮な風のおかげで消え去った。生まれたての赤子の額の熱は下がった。老人たちの骨張った脚には活力が戻った。子羊たちは平野を再び跳ね回り始めた……。平和と健康がヴィヴァレ全体に広がった。(32)

風はときに主人公がその探求を達成するのを助ける。ジャン・デ・ピエール、この石の言葉を話すブルターニュ人にとって、風の動きに対する感性は、頑丈な建築物を建て、その基礎の「方角、高さ、厚さ、正確な配置」を正しく測るためには必要不可欠である。

人々が彼に壁を建設するように頼んでいた時、彼は畑に座り、風の声を聞くことから始めていた。彼はそれから数日間、戻ってきては、風向きが変わるのを待っていた。ついに準備が整ったと感じていたときに、彼は壁をどの方角に向ける必要があり、どれくらいの高さと厚さが必要であるか、そしてどの正しい場所に壁を立てなければならないかを言っていた。(33)

自分の恋人を救うために、主人公が風に相談することがある——それは多くの場合、基本方位としての四方位に、すなわち東西南北の風にである。それらの風の忠告によって、主人公は夢を実現し、人間の世界の時間的かつ空間的な限界を押し返すことが可能となる。途方もない距離をあっという間に駆け抜けることも可能となる。そうした風は驚異の貴重な助っ人となる。そのような例としてラングドック地方の以下のような民話がある。

そこで彼は北風に会いに行き、あの素晴らしい城の姫はどこに住んでいるのかを尋ねた。[…]北風、東風、西風はその城がどこにあるのか知らなかった。南の風だけが知っていた。[…]それから花が風の束のなかに隠された。そして南の風が強く、非常に強く吹いた。[…]南の風はさらにもう一度強く吹き、姫のいる所へ着いた。(34)

実際、空は夢想を導入するのに完璧な舞台背景である。(35) 宗教と同様に民話においても、空は人知を超えた力、神々、神秘的な登場人物が浮かび上がるキャンバスである。天気に関わる要素は、舞台背景のなかに取り込まれ、それによって驚異や超自然の高みへと入っていくことが可能となる。それはたとえば、かつてないほど荒れ狂った海、奇妙な風の住む王国の辺境にある森、目には見えず思いもかけない力を持つ風に吹きつけられている幽霊の出る城……などである。とりわけ『ジェヴォーダンの獣』あるいはさらに、それに類するガスコーニュ地方の民話がそうした例である。

その時、ひどい嵐が起きた。何もかもが唸り引き裂かれ始めた。どこもかしこも森が破壊され、木々の枝は折れ、空に旋回して飛んでいった。驚き慄いている動物たちは死の恐怖を感じ

ていた。村はめちゃくちゃになり、屋根は吹き飛ばされた。秋の収穫はすべて畝のなかに落ちてしまった。(36)

中世においては、旋風、さらには雹による災禍は、嵐使いの仕業だと考えられていた。そしてそれぞれの嵐使いは超自然的な力を備えていて、その力によって、大気が自分たちの利益のために役立つよう命令を下すことが可能だった。ジロンド県の田舎では、自分たちの敵に被害を与えるために、さまざまな人に雨を引き起こす力がまだあった。フォレにおいては、何人もの人が、雲や霧のなかに身を隠し、暴風雨や風をもたらしたことで罪を咎められている。サントンジュにおいては、司祭たちは風を回転させる縄の秘技を有しており、それによって嵐をもたらし、自分たちの意のままに雲をかき回すために雲によじ登り、特定の収穫物の上に山のような雹を落とすことができた。(37)

民話はこうした嵐使いの悪しき欲望を予告する悪魔祓いや祈りと共鳴している。気象観測と悪魔祓いは、往々にして暴風雨に関心を示している。フィニステール県においては、樫の木の長持のなかに保管しておくお守りによって嵐を追い払う。ロワレ県においては、強い風が起こると、子供たちは以下のような節を何度も口ずさむ。

悲しめる聖母は立てり
聖ペテロの背後には

ひとりの女性がいて
彼女には一本しか歯がなく
その時風が吹く

人間の一生は風の力に対しては一本のロウソクにすぎない

嵐が好む空間というのは、海や大海であり、そこでは強い風の効果がより上手く説明される。民話において嵐はひとつの紋切り型である。すなわち嵐のない航海は常に読者を落胆させるのである！

ホメロスやウェルギリウスの物語においてであれ、中世キリスト教の典拠においてであれ、あるいはそれに続く空想的な文学においてであれ、嵐は冒険物語の原型をなしている。『オデュッセイア』において、嵐は現実の気象現象との関係はほとんどないが、海のざわめきは個人に、あるいは集団に課された試練であり、そこにおいては勇気と自己克服が駆け引きにさらされている。加えて、ヘシオドスの『神統記』はこうしたすべての偉大な海の神話の起源とみなすことができる。

したがって、数メートルの高さの一連の波には、明らかに通過儀礼的な機能があり、嵐はその象徴的な要因であり、神々が人間、とりわけ英雄に課す試練を構成している。それは懲罰であり、恐ろしい贖罪の警告であり、とりわけ目的地の近くで介入してくる運命なのである。英雄が生き延びることができるか否かは、彼の能力というよりは神のご加護によるところが大きい。

そうした儀式は完璧に調整されている。嵐は常に突然現れるが、それは、船の上にかかる青みがかった、あるいは黒い雲によって予告される。風は洞窟、あるいは革の袋から解放されると、海へと押し寄せ、船を取り巻き、船を操作する隙もまったく与えない。海の流れは荒れ狂い、波が船を天まで運んだかと思うと深淵のなかに突き落とす。激しく揺り動かされて、船のマストは折れ、船体は見えない流砂と岩の上で崩壊する。船の上では、恐れおののく人々の嘆きとうめきが天の支配者に注意を促すか、あるいは他の神が介入するよう示唆し、同情の念に駆られてその神はその擾乱をやめさせる。それから静寂が戻り、海は穏やかになり、陸が船の舳先の前に現れる。嵐は通過儀礼の循環（世界における死／再生）のすべての属性を有している。暗闇の後には光が続き、無秩序ののちには静謐さが続く。人間の無力さ、人間が観察、知識、あるいは経験によってしても悪い天気を支配することができないことで、冒険者は、その社会的な出自がどのようなものであれ、唯一の運命の対象となる。

風のなかに存在すること

風は決して無関係なままではいさせてくれない。つまり風は自然と人間、そして人類とのあいだのすべての交流の中心に存在する。農業従事者にとって風は歩み寄るべき協力者であり、しっかりと対抗策をとるべき敵対者でもある。消防士にとっては、風はヒロイズム以上のものによって戦うことを余儀なくされる敵である。その実生活における影響を超えて、風は同じひとつの感情を強く抱かせるもののように思われる。

いかなる風の影響も被らないということは、ある土地においては懲罰なのである。そういったことが、以下のニヨンの民話が、ポンティアスの誕生の伝説と共に、われわれに語ってくれることである。

セゼールは、［…］聖人で、［…］新鮮な風を求めていくつもの街道と小道を通って立ち去った。［…］軽やかな風が木の幹のあいだをすり抜けてきて、楽器の弦を鳴らすかのように木々の枝を揺らしていた［…］。彼の周りで揺れ動き増大するその微かな音階を聞きながら、彼はこう呟いた。

——この微風の歌はなんと心地よいことか！　まるでキタラの音色のようだ……［…］風は革のケースのなかで膨れ上がり、セゼールはすぐにケースを再び閉じ、革の紐で結びつけた……。［このくだりは三度繰り返される］

ついに彼がニヨンに着くと、街は筆舌に尽くせないほど嘆かわしい状態に陥っていた。猛暑を生き延びたわずかにいた住民たちが彼に会いにやってきて、彼にこう尋ねた。

——それでは、お前はわれわれに風を連れてきてくれたのか？［…］

——そうだ。灼熱の太陽の下で燃えるように暑い岩の上に手袋を投げ捨てながらセゼールはそう答えた。

彼がその行為をなすとたちまち、石は大きな亀裂が入り割れた。その時、土の奥深くから新鮮な風が上ってきたが、その風は黒い水で湿った大地の良い香りがした。このまったく新たな風は旋回して谷へと飛んでいき、小川を渡ることなくかすめ、小川にその音階を与え、街の壁に沿って進み、その壁の石を爽快にさせ、路地の奥へと入り込み、犬や生まれたての赤子だけではなく、野原のロバにも活力を与え、せせらぎを再び歌わせ、井戸の底をざわめかせた［…］。立ち去る前にセゼールはその風をポンティアスと名づけた。そしてそれ以来ずっとその風こそが、この谷に吹き続け、暑くなりすぎること無く、冬も夏も暖かくも寒くもなくなり、まるでそばに海があるかのごとく、その風はそこに存在した。[38]

この朝の新鮮な風はひとつの帰属意識を伝えるものであるが、それは十二、三世紀の寓話以来、その後十八、十九、二十世紀のその科学的解釈によって、最終的にはイギリスの聖職者ティルバリーのジェルヴァーゼ〔中世の教職者、のちに騎士、一一五二?—一二三七?〕の手による『皇帝のための気晴らし』という、フランス王国の各地の風物の百科事典の一種のなかで元々報告されていた伝説のいくつものリライト版によって伝えられている。今日ニヨンを散策すると、通りの名前（ポンティアス通り、聖セゼール通り）や店舗の名前（「ポンティアス陶器」「ポンティアス画廊」）そして、さらには一八六二年から一九四四年までニヨンで刊行されていた週刊誌『ル・ポンティアス』の名前にいたるまで、同じ印をひたすら確認することができる。そして街のホームページによれば、「ポンティアスはこの地域の気候条件のひとつですが、それによって気管支の療養に特化したアトリール診療所が設立されました。そしてこの気候は、街に旅行客や新たな住民を惹きつける生活の豊かさを与えてくれます」[39]……。

ときには悪い風を登場させることはあるとしても、民話の世界は、幼少期の風によって、すなわち暖炉のそばでの農民的な夜の団欒、街のなかでの大騒ぎ、民衆的な笑劇の雰囲気によって心を落ち着かせてくれるものである。それは文明を破壊する時代の後には、常に幼少期を経て再生が続くがゆえになおさらそうである。民話の物語においては、証拠、あるいは論理的な推論の必要性が拒否され、それゆえ本当らしくないことが起こるが、それは問題ではない。というのもそこで問題となるのは、気候、すなわち人間を取り巻く世界との関係に関してというよりは、人類に関する「普遍的な」メッセージを伝達することだからである。そして自分自身や自己像に関して全体像を支配している者は誰もいない……。このように「昔々あるところに」で始まる民話を再読することは、気候変動や地球温暖化に関する現在のわれわれの恐れを見通すものである。こうした物語においては、人間社会は、気象の作用を評価し、制御し、そこから身を守るために、気象の作用を常に懸念しているように思われる。激しい嵐、暴風雨、大きな被害をもたらす風雨はすべての人間の思考に属するものであり、大洪水に対する畏怖は何世紀にもわたるものである。したがって民話は今日われわれの生活を語ってくれ、それらが過去に刻まれていることによって、われわれに将来について語ってくれるのである。

（野田農訳）

第4章　雪を味わい、雪を眺め、雪に触れる

アレクシ・メッジェール*

たくさんの作家、社会学者、歴史家、地理学者、気象学者、それに雪氷学者が、それぞれに雪を記録してきた。地理気候学者シャルル＝ピエール・ペギーによれば、「雪とは、固形降水の基本的形態である。それは、気温が零度に近い大気中に含まれる水蒸気がゆっくりと漸進的に凝結した結果である。たいていの場合、この凝結によって六枝に分かれた星形の結晶が形成される。（マイナス二十度以下の）極寒のときには、長い針のようなとても薄い角柱の形になる。反対に、結晶が部分的に融合すると、降下中に凝集して雪片を形作る」[1]。

とはいえ、この大気現象を理解するためにかような気象学的定義を遵守する必要があるかといえば、恐らくそうではないだろう。雪は経験によって捉えられる物質でもあり、教師であるフィリップ・ヴァドロの巧みな表現によるなら、「こねて形にできる生地。いつでも手に入るわけではない風物詩的要素。物理的かつ感覚的なはかなさ。心を捉えては溶けてしまう色合い、粘り、温度。クリスマス・シーズンのアレゴリー。そしてとりわけ、許されたり禁じられたりする遊戯」[2]なのだ。雪はたくさん、あるいは少しだけ降り、緯度や土地の高度次第で、地表に長く留まったり、すぐに消えたりする。地域や言語によっては格別に多様な用語で言い表されている。社会学者にして冬の愛好家、マルタン・ド・ラ・スディエールの著作を開けば、雪は液状で、凝縮し、表面が固く、硬化し、はかなく、溶解し、ひんやりとして、長く残り、崩れかかり、積み重なり、氷化する……ということが理解できるだろう[3]。

したがって、われわれの感覚を優遇することにしよう。おそらく雪とは、感覚の助けを求めずには定義することがもっとも難しい気象学的要素である。実際、「足で雪に触れ、感じ取り、目で眺め、雪のなかに溶け込み、その沈黙を聞くことは、つまりはそのアイデンティティーを理解することなのである」[4]。しかしながら一見したところは、雪に対する感覚・感性の歴史について考えるというのは突飛なことのように見えよう。いつの時代にも雪は白かったし、降るときには同じ音がして、いつでも同じ味がしたことは明らかと思われるからだ。それに、歴史のなかでこうした感覚が進化したのだとしても、あちらこちらで雪の匂いや雪との接触に言及している資料を見つけ出すためには、なすべき仕事があまりに膨大すぎるように見えるかもしれない。歴史のなかで雪についての見方が変化したかどうかをどうやって知ることができるだろうか。時代によって雪の降る音が異なったのかどうかについてはどうだろう。それはまさしく、雪を愛好する歴史家＝地理学者に突きつけられた挑戦状である。

しかしながら、どんな気象学的現象も個人や社会によって知覚されていることを思えば、手がかりは自ずと浮かび上がってくる[5]。こんにち、雪は両義的な大気現象である。ある地域ではもてはやされ――冬季スポーツに備える山地に降る雪――、別の場所では忌み嫌われる――道路に積もって交通を困難にする雪。であるなら、知覚の地理的相違に歴史的相違が対応しているだろう。それというのも、時代によって風景が異なった仕方で知覚されてきたのなら[6]、風景に属する雪についても同じでないはずがあるだろうか。ウィリー・ロニ（二十世紀の偉大なるヒューマニストの写真家）の山岳写真の何枚かと、現実の景観とを比較してみるなら、知覚の変容を垣間見ることができるだろう。

その変化が景観の開発を導いてきたのである。

雪はまた事実に関する歴史にも位置を占めており、そのことは豊富な資料の存在を予想させる。ハンニバルによるアルプス越え、ナポレオン・ボナパルトの軍隊によるグラン・サン＝ベルナール峠越え、一八一二年十一月のベレジナ渡河、一九四二年のロシアからの帰還を想起すれば、歴史研究の手つかずの領域を開き、雪の積もった山地や平野のイメージを描くのに十分だろう。雪はそれだけで〈歴史〉を作りはしないが、固有の重要さを備えているのだ。『カンディード』において、ヴォルテールは「この二つの国「フランスとイギリス」は、カナダにおける数アルパン〔フランスの古い面積の単位〕の積雪地のために戦争している」と書かなかっただろうか。もっとも本研究の関心は、すでに語られ尽した戦争の歴史とは一線を画すことにある。われわれの行路を導いてくれるのは、まさしく雪に対する感覚・感性であるだろう。

時折、地中海沿岸のヨーロッパに触れるのを除いて、われわれは気候の温暖な西ヨーロッパ(7)に目を向け、味覚、視覚、触覚というプリズムを通して雪を眺めることにしよう。聴覚や嗅覚という把握の難しい知覚に関係しているために、雪の音や匂いについての著作はほとんど存在していない。雪に関するあれこれの感覚が目覚め、いわば可能態から現実態へと移行する時期を特定できるだろうか。さまざまな領域の研究者の著作を拠り所として、いかにして「「ここでは雪についての」感覚の使用、諸感覚の経験に基づく序列が歴史を形成してきたか(8)」を見ていこう。このような問題提起によって、われわれは地理＝歴史的道程をたどり、この仕事を可能なものにしてくれる役者たちに出会えることだろう。

雪の味

喉が渇いたときに雪をかじるのは、生存がかかっているのでないならば健康のためにはお勧めできない。雪には無機質を含まない水分がごく少なく、冷たいものは、胃の内部で燃焼のために多くのカロリーを消費するからである。したがって、あらかじめ容器のなかで雪を溶かしておくほうがよいだろう。とはいえ、歴史のなかでは雪水が愛好されてきたことが知られている。

「真夏まで溶けずに残り、ある旅行者が言ったように『目を涼ませてくれる』あの雪のことを知らない者がいるだろうか」

フェルナン・ブローデル

古代ローマ帝国以来、雪のさまざまな使用方法について言及している資料は多い。公共浴場の冷浴室において、雪はワイン、ミルクや水を冷やすのに役立っていた[9]。ネロは沸騰させたワインを雪で冷やし、それをニッケイ、シリア産のナルド、シナモン、カンアオイの香りをつけたワインに注いだ[10]。突き出しの代わりに、ペトロニウスの『サテュリコン』も引用しよう。トルマルキオの饗宴に際して語り手は述べている。「ようやく食卓についたとき、アレクサンドリアの奴隷たちがわれわれの手の上に雪水を注いでくれた」。この雪の嗜好《しこう》は、幾人かの食通や医師の著作に記されている。アピシウスはある料理について、食卓に供する前に雪を振りかけたほうがよいと言う。アスクレピアデスは冷やして飲むことを推奨したので、二世紀のローマではまさしく雪水の流行が起こった。もっともこの熱狂を悪く言う者もいて、ヒポクラテス学派の医学は冷やして飲むことの効能に異議を唱えた。かくしてアリストテレスは述べている。「雪は、空気中の水分が凝結したものにほかならないが、凝縮することによって軽さを失っている。結果として、雪を溶かして得られる水は、腸内にさまざまな病気の源をもたらす」。セネカはといえば、「脈拍や皮膚の熱さによっては捉えられないだけにいっそう危険な熱」について語っている。

冷やして飲むことに対する情熱は、中世には太陽の熱で溶ける雪のように消えてしまったが、十六世紀に入って新たに活性化する。ルネサンスは古代ローマ人が愛好した冷やして飲む方法を再発見したのだろうか。十六世の地中海についての大著のなかで、飲み物を冷やすための雪の再発見について、フェルナン・ブローデルは一節を割いている。彼は、一五五三年に「ムーア人」たちが、「われわれが砂糖をかけるように料理や食べ物に雪を振りかける」(11)のを見て驚く、あるヴェネチア人の文章を引用している。その驚きを、一五八〇年にイタリアを訪れたモンテーニュも共有していた。「こちらでは、グラスにワインと一緒に雪を注ぐ習慣がある。私はあまり気分がよくなかったので、少しだけ入れてみた」(12)。つまり、冷やして飲む嗜好は特定の地域、基本的には地中海周縁に限定されていたのである。

地理学者グザヴィエ・ド・プラノールのたいへん充実した著作のおかげで、ヨーロッパにおいて冷やして飲む方法が普及してゆく大まかな段階をたどることができる[13]。著者はまず、地中海ゾーン（スペインからイタリアやトルコを通ってシリアまで）において、どうして冷やして飲む嗜好が雪に基づいていたかを説明している。というのも、ほかの地域では飲料を冷やすのは氷だったのである。一方には、気候による説明がある。地中海ゾーンでは、一般的に結氷はさほど顕著に見られなかったので、例外的な状況を除けば、氷を人工的に作り出す技術に頼ることがなかった。だが温暖地域の低気圧との関連で寒冷期の降水量は多く、しばしば雪として降った。それで山地は雪の外套をまとったが、低地ではまれにしか降ることがなかった。他方で、しばしばこれらの山地は、平野や沿岸に位置する大都市圏の近くに位置していた。数時間ないし最長でも数日あれば、雪を都会の中心の消費地へと運ぶことができたのである。グザヴィエ・ド・プラノールはまた、北側を向いた峡谷に雪を保存、蓄積する慣行についても言及している。たとえばスペインのバレンシア地方北部において「雪の吹き溜まり《ベンティスケーロ》」といえば、突風が寒さを保ち、雪の保存に役立つ場所のことを意味していた[14]。しかしながら、飲み物を冷やすのに雪を使うか氷を使うかを分け隔てる決定的な気候的要因が存在したわけではない。雪は氷よりも運びやすかったから、氷を取れる地域のほうが近かったにもかかわらず、雪のほうが商人たちに好まれることもあったのである。

ある地域においては、雪の運送と販売がとても組織的に行われていた。真の雪の貿易が存在し、雇用を生み出し、ときには厳密な管理が必要とされた。たとえばスペインのバリャドリッドでは、一五八九年から雪に関する公共部門が、民衆の祝祭に際しての雪の消費を管理していた。[15] コルシカ島のバスティアには雪のための井戸がたくさん存在した。この町はさらに雪の不足を心配し、ときには南のカスタニッチアまで供給網を伸ばしていた。ヴァントゥ山地では、アンシャン・レジームのあいだ、および十九世紀末にいたるまで、ベドウィン人が雪の売買のリーダーシップを握っていた。雪はカルパントラ、ボケール、さらにはモンペリエやトゥールーズにまで運ばれていった。もっとも途上での損失はしばしば甚大だった。一七七二年、ヴァントゥ山の中腹で積まれた四百リーヴル〔約二百キロ〕の雪のうち、モンペリエに到着したのはたった二〇リーヴル〔約一〇キロ〕だけだった。[16] イタリアでは、アルベルト・グランディの著作のおかげで、雪を独占していたいくつかの町の影響力の範囲を正確に知ることができる。[17]「ローマでは、十六世紀の終りに『六〇マイルの区域』が制定され、その内部における雪の収集は、町のための供給市場を勝ち得た者の独占的な管理下に置かれていた」。[18] ジェノヴァでは、独占はリグーリア州内部の町に近い渓谷、なかでもストゥーラ渓谷まで及んでいた。[19]

雪水は二つの大きな流通経路によって北西ヨーロッパに普及した。まずはイタリア戦争が冷やして飲む習慣をフォンテーヌブローにまでもたらし、もっとも裕福な者たちがそれを好み始めた。同様にカトリーヌ・ド・メディシスのおかげで、慣例は社会の上層階級に広まった。一方で北フランスへは、冷やして飲む嗜好は十六世紀にフランドル地方にいたスペイン人によってもたらされたようである。グザヴィエ・ド・プラノールはまた、飲み物を冷やすために雪に頼る方法が、イタリア

フランス、ヴァール県、南プレアルプス山脈、コン＝シュル＝アルトゥビーの雪の貯蔵庫 (©Fonds documentaire de l'ASER - Réserves du Musée de la Glace, Mazaugues, Var, France)

からもスペインからも来たのではない地域を正確に指摘している。ヴォージュ地方がそうであり、そこでは十六世紀から、ルミルモンの修道女たちが山から雪を持ってこさせたのだった。この歴史においては何人かの人物も鍵となる役を担っている。たとえばフランチェスコ・プロコピオ・クトは一七〇三年に、あるアルメニア人から旧コメディー＝フランセーズ前のカフェを買い取り、そこでシャーベットを売りに出すと、その美味しさゆえに大流行となった。フランス語化して「プロコープ」と呼ばれたカフェは、パリの社交生活の中心地となった。エトナ山近郊での雪の売買が、彼にあの有名なアイスクリームを発明させたのだろう[20]……。

十八世紀から十九世にわたって、冷やして飲む嗜好は民衆階級にも普及していった。価格は大きく変動することがあったが、新しい保存手段が登場するにつれて費用は少しずつ下がっていった。恐らくはそのために社会のあらゆる階層へ著しく普及していったのだろう。この新しい慣例に対して医師たちは初めは慎重、あるいははっきりと敵対的だった。その後、「医学書における雪水の段階的な勝利[21]」が訪れる。過剰な摂取は非難されるべきだとしても、快楽への欲求、つまりヘドニズムが頭角を現してくる。同時にまた、冷やして飲むことについてのこの歴史において、氷が少しずつ雪に取って代わってゆく。複数の産業部門（漁業、乳業、病院……[22]）の需要があり、氷は氷室においてより容易に保存することができたからである。

一九二〇年代にアメリカで最初の冷蔵庫が登場すると、第二次世界大戦後にはヨーロッパにも普及した。だがそれ以前に、雪や氷によって冷やして飲む嗜好には驚くほど豊かな歴史が存在していたのである。そしてこの嗜好は、恐らくは雪に対する感性のなかでもっとも古くから存在したものだろう……。というのも、たとえ古代ローマ人、イタリア人やスペイン人が雪と飲み物を結びつけるより前から雪を眺めていたのだとしても、それが本当に視覚的関心を引くようになるのは十六世紀末、とりわけ十七世紀に入ってからのことだったからだ。

白い平原、白いコート

雪を眺めることは多くの者にとって快感である。エピナルにある版画博物館の主任学芸員マルティーヌ・サディオンは、「最初の雪片が降ってきて風に飛ばされるときの［…］ありえるとも思われなかったような筆舌に尽くしがたい喜び[23]」について語っている。中世からルネサンスにかけて、詩人たちはすでにこの冬のモチーフを独占していた。十四・十五世紀のフランス詩における季節に関する博士論文を著したフルール・ヴィニュロンが記しているように、その時代には、「詩人たちが［…］進歩し、気候へのアプローチに豊かな深みをもたらし、その豊饒さは各人のインスピレーション次第で多様な方向に繰り広げられた[24]」。詩人たちは冬に関する気象学的語彙を使用した。寒さ、風、雪、寒い季節、雨、あられ、霜、氷、北風……[25]。もっとも、雪はまれにしか出てこない。雪はしばしば老年と結びつけられた。シャルル・ドルレアンのバラード第一〇二番には次の一節がある。「冬は畑や木々を老いさせ、／彼らのひげは雪で白くなる」。それから一世紀後には、二種類の人間が雪に関心を寄せた。すなわち科学者と芸術家だ。十六世紀の終り、とりわけ十七世紀において、彼らはこの大気現象に対して鋭い観察眼を持っていたことを証明している。科学者と画家では観察眼は大きく異なっていたが、相互補完的なものだった。一方がごく間近で観察し、その構造を理解しようとしたのに対し、他方は雪景色のなかに描いてみせたのだった。つまりは雪に対する新しい感性の二つの側面であり、両者はほとんど同時に姿を現したのである。

「このほとんど〈無〉であるもの、雪の微小なかけらから、私は〈宇宙〉を再創造したかの如くである。そこにはすべてが含まれているのだ！」

ヨハネス・ケプラー

十六世の終りに、科学者たちは雪片に関心を向けた[26]。十七世紀の初め、ヨハネス・ケプラーはトーマス・ハリオットと文通していたようだが、ハリオットは一五九一年から雪片の形状を観察していたのだった。語り伝えられるところによれば、ケプラーは降雪に驚き、この雪片という「些細なもの」を観察し始め、六枝のシンメトリーに感動した。ケプラーが滞在するプラハでは伝染病や戦争が猛威を振るっていたが、彼は一六一二年に『新年の贈り物、あるいは六角形の雪について』を発表し、「なにゆえに降ってくる雪は、絡まりあってより大きな雪片となる前にはいつでも六角形であり、その六本の矢はいつでも小さな羽のように毛が生えたようになっているのか[27]」を示した。先人たちの理論を取り上げながら、雪片は球体の規則的な積み重ねによるものであることを証明している。この理論はのちに大きな反響を呼ぶ。それは「ケプラー予想」という名で知られるが、その原点はただの雪片、水の精《ニクス》の観察だったのである。ニクスの発音は「何もない《ニヒツ》」とそう遠くはない[28]……。

十数年後、二つの研究が同じように（この場合はプロヴァンス地方の）空を観察対象とした。ニコラ＝

クロード・ファブリ・ド・ペーレスクとピエール・ガッサンディは、雪片の形状とともに雪の特性にも関心を示した。ガッサンディは、雪が白い理由は粒子の小ささと星形の形状にあると考えた最初の人物である。

三十年戦争のさなかに、デカルトはドイツでケプラーに出会ったのだろうか。いずれにせよ、彼もまた雪片の形状に関心を抱いた。『気象学』の第六章において、デカルトは（裸眼で観察した！）多数の雪片のデッサンを描き、この「氷の玉」の形状を説明する理論を立てている（口絵9参照）。一六三五年二月にアムステルダムで大雪を観察した際には、十二枝の星形のようなまれな形状にも注目している。

その後、多くの学者や科学者がこれらの先駆者の仕事を再び取り上げた。ホイヘンスは一六六〇年の『六角形の雪』において、デンマークの博物学者エラスムス・バルトリンの観察結果を列挙している。デンマークの解剖学者ステンセンもまた、雪片の形状の説明を試みている。恐らく彼は、エラスムス・バルトリンの父親トーマス・バルトリンに導かれたのだろう。トーマスは医学標本のために雪解け水の使用を推奨していたのだから……。ステンセンは、のちに結晶学と呼ばれるものの最初の法則を公式化した。その後、有名な地理学者であり地図学者でもあるジョヴァンニ・ドメニコ・カッシーニが十七世紀の終わりに雪片を観察したが、その際には顕微鏡が使用された。

このように、雪は十七世紀以降、科学の発展と当時の観察の嗜好との恩恵を受ける形で研究されてきた。一方で、風景画が絵画の一ジャンルとなるのは十六世紀のことだが、季節を描く風景画がヨーロッパ絵画全体に普及しなかったという事実には誰しも興味を引かれるだろう。気候史および冷やして飲むことに関する歴史の資料が示すところでは、雪は絵画芸術が一等を占める国々に関係しているはずである。ところが、イタリア、スペイン、フランスは十七世紀に文化的名声を獲得するのだが、実際に雪が描かれたのはフランドルやオランダの絵画においてのみなのである。ブリューゲル、アーフェルカンプ、ファン・ロイスダールといった偉大な画家の名前がすぐに想起されよう。そこには芸術史に関するひとつの謎が存在している。南方に住む画家たちも、頻度は少ないにしても雪を経験していたはずなのに、どうしてフランドルとオランダの画家だけが冬景色を描いたのだろうか。

この謎は、最初に雪が描かれたのは南国であるだけにいっそう興味深い。アンブロージョ・ロレンツェッティは、シエナのプブリコ宮殿のフレスコ画に降雪を描いている。冬を象徴する毛皮に包《くる》まった老人が、《悪政の寓意》のフレスコ画の上部の肖像のなかに登場しているのである。十四世紀後半にロンバルディアで著された手引書にも雪が描かれている。イメージは肯定的であり、前景では裕福そうな二人の大人が、あまり冬向きではない軽やかな着物を着て互いに雪玉を投げ合っており、後景には山が描かれている。ついで、一四〇〇年頃に描かれた絵暦のフレスコ画が、西ヨーロッパにおける雪景色の誕生を告げている。トレントのブオンコンシーリョ城にあるこのフレスコ画は、ロンバルディアの世俗芸術の伝統の一部に属している。十二月の場面には、山で切った木を城塞都市に運ぶ農民が描かれている。雪のマントは厚くはなく、地面は覆っているが、木は覆っていない。一月には、城壁の外で豪華な服を着た貴族たちが雪玉を投げて遊んでいる。

したがって雪景色は、まだ具象的ではないとしても、南国で生まれたのである。その後、冬景色は写本装飾のなかで表現されたあと、フランドルとオランダの絵画のなかにおいてのみ発展を遂げる。芸術史に関する数多くの著作が南国と北国の絵画を区別している。南国を代表するイタリア絵画が歴史や戦闘を描いたのに対して、オランダ人は風景、肖像、静物などの描写に秀でていた。この才能は、光と正確さとを結びつけたカメラ・オブスクラの——恐らくは集団的な——使用によって育てられたのだろう。[29] だがそれにしても、どうして雪はイタリア、フランス、スペインの画家たちの関心を引かなかったのかを説明することはできないままである。

この謎にまた別の謎がつけ加わる。それは、絵画に冬景色が現れた時期に関するものだ。十六世紀後半の老ブリューゲルによって初めて冬景色が絵画に描かれたことを、どのようにして説明づけられるだろうか。ある芸術史家は驚いている。「風景画の歴史におけるキーパーソンのアルブレヒト・アルトドルファーや、オランダにおける最初の風景画家ヨアヒム・パティニール、あるいはアルブレヒト・デューラーその人さえもが、雪景色に十分に魅了されなかったという事実を説明することはできない[30]」。フィレンツェのウフィツィ美術館にある、フーゴー・ファン・デル・グースの《ポルティナーリ祭壇画》(一四七五年頃)は、羊飼いの礼拝の場面を描いている。確かに風景は冬である——木々の葉は落ち、空は灰色で土はくすんだ黄色をしている——だが雪は存在しない。ただ、時禱書のなかの絵暦の写本装飾だけは雪を描いている。だがそこでは、雪そのものを描くというよりも、象徴に富んだ白という色を示すことのほうが問題となっているようである。それというのも白色は、一二〇〇年頃にインノケンティウス三世が述べて以来、「純潔と光のイメージであり、白色は喜び、無垢、勝利、栄光、不滅を表現する」からである。それゆえに雪はまさしく白いのだと述べても間違いではないだろう……[31]。特別な反射のために、雪はまた驚くような色合いをまとうことがある。ピエール・ルヴェルディは記している。「私がものを書いていた屋根裏部屋では、屋根の隙間から落ちてきた雪は青くなったものだった」[32]。作家のジル・ラプージュの記すところでは、「雪の白ささえも幻覚である。実際には、雪は薄紫、青、黄色、金色、または灰色である」[33]。雪の色を教えてくれるマルタン・ド・ラ・スディエールの美しい文章に目を通すのは読者にお任せしよう。それを読めば、パブロ・ネルーダ〔チリの詩人、一九〇四―七三〕によれば雪は黒くなり、アルプス地方では黄色、ケラース地方〔グルノーブル南東の山岳地帯〕では赤いこともあることが分かるだろう[34]。

老ブリューゲルに話を戻そう。彼のことを冬景色の発明者と呼んでも構わないだろう。一五六五年から一五六七年にかけて、この画家は五枚の雪景色を描いているが、それらは彼の生涯において唯一のものである。二枚はオーストリアの美術史美術館にあり《雪中の狩人》と《幼児虐殺》、二枚はベルギー王立美術館《鳥罠のある冬景色》と《ベツレヘムの人口調査》、もう一枚はスイスのヴィンタートゥールにあるオスカー・ラインハルトのコレクションに含まれている《雪中の東方三賢王の礼拝》。この五枚の絵画は、ヨーロッパにおいて初めて雪を前景に描いたものである。そのうちの

老ブリューゲル《雪中の狩人》(1565年)

一枚、《雪中の東方三賢王の礼拝》は、吹雪を描いた最初の絵画作品であり、ピエール・マニャンの「旗のように波打つ」[35]雪の音が聞こえてきそうだ(口絵10参照)。何人もの著作家がこれらの絵画に魅了され、読解を試みている。彼らは、どうして老ブリューゲルは、一五六五年になってようやく田舎の光景を雪のマントで覆ったのかを理解しようと努めている[36]。研究者たちの見解がひとつの仮説に収斂《しゅうれん》しているのは、まったく偶然的な事実のためにである。

一五六五年の冬は格別に寒く、降雪量も多かったのだ。当時の人びとはこの冬に驚いたために詳細な記録を残したことを、気候に関する歴史家の著作のなかで知ることができる[37]。寒波はまず十二月十六日にザクセン地方、十八日にはアントワープ、二十日にフランス・ノール県のティエルやチューリッヒ、そして二十一日にはロンドンで言及されている。気候学的見地からすると、西ヨーロッパに冷たい空気が移流していたことが大いに考えられる。この極寒の空気は北東から降りてきたものだった。こうした気候状態は例外的なものではなかったが、驚くべきはその持続性である。十二月の終りから二月終りまでのあいだに多くの河川が凍り、一月半ばと二月半ばに寒さが緩んだときには洪水が起こった。この冬のあいだ、ライン、ムーズ、エスコー、ヴェーザー、エルベ、マイン、ネッカー、テムズ、そしてセーヌの各河川が断続的に凍った。ドナウ川とローヌ川も部分的に氷に覆われた。もっとも雪が降ったのは二月に入ってからだった。極地から来て西ヨーロッパに留まった寒気が、低気圧の湿った大気とぶつかったのだろう。大きな雪片だったと語る資料が報告している雪の量から考えると、恐らく問題となっているのは、一五六五年の二月半ば、河川の解氷を伴った緩和期間の降雪であろう。この雪はとても冷たい地表に降ったために、そこに留まって、平野でも数十センチの厚さの雪のマントを形成した。かくして一五六五年二月のリエージュやブリュッセルでは雪が馬の腹の高さにまで達した。老ブリューゲルが滞在していたブラバントからも遠くない場所でのことだ。ほぼ確実に、老ブリューゲルはこの例外的な冬に強い影響を受けて冬景色を描くことにしたのだろう。彼はしばしば宗教的な情景と日常生活の情景、そして戦争の暴力的な情景とを結び合わせている。

ブリューゲル以後、フランドルおよびオランダの多くの画家が雪を描いた（ヘンドリック・アーフェルカンプ、ヤン・ファン・ホーイェン、アールト・ファン・デル・ネール、ヤーコプ・ファン・ロイスダール……）。だが彼らの後継者と比較すると、雪のマントは厚くはなく、雪が降っているのはごくまれである。[38] 彼らは氷のほうにより興味を引かれたが、それというのもスケートが可能となるからだった。雪が仕返しをするのは十九世紀のことであり、そのときには冬景色がヨーロッパ中に広がる。ウィリアム・ターナー、カスパー・ダーヴィト・フリードリヒ、クロード・モネ、カミーユ・ピサロ、ウジェーヌ・ガリアン＝ラルー……。多くの画家がいくつかの作品のなかで雪に重大な地位を与え、ときには白色がほとんど画面全体を覆うほどである（オルセー美術館に展示されているクーノ・アミエの《雪景色》）。十九世紀の絵画が制作された場は十七世紀のそれとさほど変わっておらず、全体的に冬は同じような天候であるにもかかわらず、雪は多種多様な仕方で表現された。これ以降、雪のマントはしばしば厚く、雪が降っていることもある――それは、この大気現象に対する新しい視覚的感性を表しているのである。

雪玉とロープリフト

雪との接触によってもたらされる感触は相反する……。雪片が顔に降ってきたときには冷たいが、雪との接触が続くと焼けつくような痛みとなる。恐らくはそれゆえに、詩人たちが繰り返し用いた「熱い雪」という概念が生まれたのだろう。熱と雪とは必然的に結びついているのである。「雪はもはや単に閨房の湿っぽさの卑俗な反対物ではなく、暖炉や火の理由や口実となる」と、ある人類学者が雪について記している。[39] ではこの目覚めはいつの時代のことだろうか。それを言うことはできない。十六世紀になってようやく、雪玉や雪だるまが、フランドルやフランスの工房で作られる写本装飾に登場する。冬季スポーツの誕生について語るなかで、ダニエル・アレクサンドル＝ビドンは、雪は十四世紀から描かれているが、それが祝祭的なものになるのは十六世紀になってからであることを示している。(40) だからといってもちろんそれ以前に、人々が歩いているときに雪との接触を特別なものと感じなかったわけでも、雪玉を投げ合わなかったわけでもないだろう……。雪の感触に関するこの歴史においては、ある感覚がとりわけ詳しく記録され、ほかから突出している。それは滑ったときの快感である。

「それは速さ、光、冷たさ、それに危険からなる未知で甘美な感覚……」
『戸外での生活』誌、一九〇二年三月八日号

冬季スポーツが、人間によって人間のために形作られた雪のマントとの接触を流行させた。スキー、スノーボード、片足スキー、片足スケート、小型そりのリュージュ……、たくさんの滑走スポーツが物体を媒介してわれわれに雪を感じさせてくれる。そうしたスポーツは二十世紀に大いに発展した。地上でもっとも暑い地域（ドバイのスキー・ドームのように）や、もっとも平坦な地域（アムステルダムのアウトザイト地区、フォンデル公園の近くにあるインドアのスキー滑走路）においてさえ、この滑走の喜びを味わうための人工的な環境が作り出されている。

ノルウェーではスキーは真に国民的なスポーツとなっているが、それは一八七九年の競技大会でテレマルク県の住民が有名になって以来である。もう少し南の地域では――十九世紀にはダヴォスやシャモニーの何軒かのホテルが冬季の旅行客を迎えていただけだったが――、二十世紀の初めに冬季スポーツが大いに流行し、とくにスキーが愛好された。一九〇一年から、フランソワ・クレール大尉がグルノーブルの第一五九アルプス歩兵連隊にスキーを導入した。この「軍事的」スキーの段階のあとすぐに「娯楽」スキーの段階が続いた。一九〇〇年代の終りには、ミシェル・パヨー博士がシャモニーにスキーをもたらし、そこで第二回の世界大会が開催された。フランスのクロスカントリースキー・クラブとアルペンスキー・クラブに支えられて、スキーはたいへんな発展を遂げるが、それは健康に良いという評判があったからでもある。『ポンタルリエ日報』の匿名の著者は、一九〇九年二月七日に、「スピードの陶酔と、寒さと健康による赤い頬を求めて雪の斜面にやって来る」[41]人々について語っている。ちょうど、それより数年前にモーリス・ルブランがしていたように[42]。そこでは衛生学と快楽主義が混じり合っている。

　二十世紀より前にスキーが西ヨーロッパの山地に普及しなかったのは不思議に見えるかもしれない。スカンディナヴィアの国々では十六世紀から行われていたことが証明されている。実際、複数の著作や版画がそのことを証言している。起源は紀元前二〇〇〇年にまで遡《さかのぼ》るスキーは、スカンディナヴィアの水夫たちによって再発見されたのだった。技術と情報のどちらか、あるいはその両方が伝達されなかったために、アルプス、ヴォージュ、中央山地、ピレネーにはスキーが存在しなかったのだろうか。イヴ・モラルはまず、スキーに言及する書物についての知識とその普及は、都会に住んでいる知識人に限定されていたにちがいないが、彼らは冬季スポーツに関心を持たなかったのだと述べている。[43] 次に、スカンディナヴィアとは異なり、人々は山地の村にまとまって住んでおり、冬季の移動は制限されていた。彼らは冬のあいだずっと（あるいはほとんど）[44]、自分たちの住居に暮らしていたのである。最後に、スキーによる移動が同じように頻繁に行われなかったのは、地形が大きく異なっていたからだった。スカンディナヴィアではアルプスほど標高差が大きくなく、相対的により平坦な地域においては移動が容易だったのだ。加えて、西ヨーロッパの山地では雪崩の危険度がとても高く、山間の人びとはそれをとても恐れていた。[45] 雪がもたらす損害は甚大なものになりえたのであり、実際、一七八五年二月七日には、ケラース地方レ・ゼスコイエールの小集落セールが大損害を被った。[46] イヴ・バリュに従うなら、二十世紀にいたるまで、山地では雪――とくにその接触――は好まれるには程遠かったのである。雪のマントが地面を凍結から守ってくれる――それゆえに豊作を約束してくれる――としても、雪はしばしば恐ろしいものと見なされてきたのだった。[47]

二十世紀になると心的傾向にラディカルな変化が生じる。滑走に対するこの新しい嗜好、雪のマントの新しい「感触」によって、雪は少しずつ喜びと娯楽の源泉になってゆく。イヴ・モラルは要約している。「フランスに冬季の運動実践が登場するにいたった状況は、人々の伝統的な社会的傾向に相反するにもかかわらず、集団の心性におけるこの季節の表象に変容をもたらした」[48]。冬は娯

オー＝ボンヌにおける停止とフォームに関する競技大会（1910年1月21-24日）

楽の源泉であり、またピレネー山脈の保養地としてこの新しい様式の先頭を行っていたオー＝ボンヌのような所では、利益の源泉ともなった。オッソー渓谷、ベアルンの東に位置するオー＝ボンヌは十九世紀から栄光の時代を迎えていた。この〔療養に適した〕温泉保養地には、ウジェーヌ・ドラクロワ、ギュスターヴ・フローベール、ウジェニー・ド・モンティジョ〔のちのナポレオン三世皇后〕が訪れた。たくさんのホテルがあり、そのうちのいくつかは今では歴史的建造物に指定されているが、フランスやナバラ地方からやって来た最初のスキー客たちを迎え入れたのである。一九〇八年二月十五・十六日には、ピレネー初のスキーの世界大会が開催された。この地の成功は静まることがなかったので、町はスキー用のリゾートを一から建設した。約六百メートル高い所にある、オービスク峠へ向かう途上のグレットである。

一九三〇年代には、山地での雪の喜びに関わる人々がどんどん増加していった。この熱狂は、ロープウェーや新しいホテルの建設、有給休暇に関する取り決め、交通手段の発展にあと押しされた。多数の鉄道ポスターが冬季スポーツを宣伝した。たとえば、パリ＝オルレアン＝南仏鉄道会社のために制作されたロラン・ユゴンの《雪の喜び》（一九三六年）だ。スキーの技術や使用される用具が、雪のマントをより身近に感じることを可能とする一方、寒さや水気のような望ましくない感覚を遠ざけてくれるようにもなった。そして雪そのものもしばしば人工的なものになる(49)。スキーヤーやスノーボーダーは強烈な感覚を愛好するので、彼らはこの雪＝物質と一体化する。かくしてジル・シャパズが言うように、「数年のうちに雪は大きく変化した。当然のことだが、それは雪の性質そのものにおいてだった。多かれ少なかれコントロールされたこの変化は、雪上スポーツの次々と続く誕生、到来、成熟に由来するものだった(50)」。

「雪が降っているときには雪が降っていると言わなければならないのは本当だ」

レーモン・クノー

われわれは雪の匂いと音については話してこなかった。（控えめながら）その感覚のひとつを満足させるために、その歴史を語ることはできないにしても、多くの作家や芸術家があらゆる音を覆い隠してしまう雪に触れていることを述べておくのがよいだろう。ヴィクトル・ユゴーは、一八一二年の冬にナポレオンの軍隊がロシアから帰還する様を描いている。「空には音もなく雪は厚く／巨大な軍隊を包む巨大な屍衣のごとし」[51]。ジョルジュ・ローデンバックは「おお雪よ、優しく音を眠らせる者よ」[52]と記し、アラン・ボルヌは「音が消され、足音が鈍る大地」[53]について語っている。こうしたことは、雪について見事な書物を著したジル・ラプージュを苛立たせるかもしれない。彼は書いている。「雪は音を立てる。小さな、とても小さな音を！　それは音の終り」[54]。一読、二読の価値ある書物であり、パーセル、ヴィヴァルディ、シューベルト、プーランクの冬についての曲や、チャイコフスキー、ドビュッシー、ユーグ・デュフールの雪についての曲を聴きながらの読書がよいだろう。

十七世紀のオランダ人と十九世紀の印象派画家にとって雪の意味が同じではなかったとしたら、それはモネが述べているように、印象派の画家たちが持ち運びできるイーゼルを持ち、ほかの者たちが好んで見たものではなく、自分たちが見たものを描こうとしたからである。こんにち、雪を味わうことがもはやないのは、冷蔵に関する新しい技術が存在するからである。さらに、ある者にとって雪に触れることが情熱を掻き立てるとすれば、寒さを防いでくれる衣服が高性能だからであり、とりわけ冬季のツーリズムが飛躍的に発展したからなのである。だがこうした感覚は、あれこれの好都合な背景や、あれこれの発明によって必ずしも目覚めさせられるわけではない。そこには、説明づけたり起源を特定したりするのがとても難しいプロセスも関わっている。それというのも、雪に対する感覚・感性はある特定の場に登場し、それゆえに、あるいはそれと関わりなく、ごく限定的な集団の人びとにしか共有されないものなのである。どうしてこの場所（ヴォージュ地方のルミルモン、オランダ……）だったのか。どうしてこの人たち（修道女、芸術家）だったのか。どうしてこの時期（十七世紀の初め）だったのか。しばしば答えのない疑問が、こうした感覚・感性の普及を把握することの難しさを教えてくれている。

以上ここまでたどってきた道のりは、われわれの第二の提案を補強してくれるだろう。すなわち、どんな感覚・感性も「それ自体では」存在せず、「すでに存在した」わけでもなく、ある現象と直接に結びついているのである。それは地理＝歴史的であると同時に年代学的な構築物なのだ。こんにちなおわれわれの感性——事物、風景、気象現象などに対する——は進化する運命にある。そのことは味覚については疑いがないように思われるだろうが、視覚、聴覚、嗅覚、触覚についても真理なのである。かつては望まれていなかったが、今ではある種の人びとにとっては保護され、再評価されるべき産業景観のことを思ってみるだけでいい。かつてもこんにちも、感覚・感性の進化はわれわれと環境との関係に大きな役割を担っている。「物質的密度と重さのない溶解との中間」(55)にある雪にとって、これ以上に真実なことがあるだろうか。

〈付記〉著者は、貴重な助言を与えてくれるとともに注意深く読んでくれたマルタン・ド・ラ・スディエールに、そして親切に振る舞い、雪の貯蔵庫の図像を提供してくれたアダ・アコヴィッティオティ＝アモーにお礼を申し上げる。

（足立和彦訳）

第5章　霧を追いかけて

リオネット・アルノダン・シェガレー

霧間を凌《しの》ぎ
雲を分け
たつぎも知らぬ
山中に
おぼつかなくも
踏み迷ふ
道の行くへは
如何《いか》ならん

金春禅鳳（一四五四―一五一八以後）

謎めいていて、知らぬ間に立ちこめ、予測不可能で、本質的に捉えられず、はっきりとした輪郭を持たない靄《もや》や霧は、思ってもみなかったところに現れ、前触れもなく消散する。われわれのなかで、いつの日にかこの意表を突く気象現象とその効果に遭遇しなかった者がいるだろうか。あらゆるものを見えなくする霧は危険であり、路上における事故の原因となる。モン・ブランの山腹では霧は不安を掻き立て、高山の若いガイドが不意に捕われて、「自分の犬と白い杖があればと思う」。ノルマンディーの海岸では霧は人をからかい、真夏の盛りに伸び広がって小石の浜辺を暗く冷たい空間に変えるとき、すぐ近くの地上では太陽が激しく輝いている。夏の暑い一日のあとの夜霧は魔法のようであり、地表はその濃い白いマントに覆われ、刈り取られた干し草の良い匂いを放つ。この穏やかで乳のような海の上に、何頭かの牝牛のシルエットが、「足」を切られた小舟のように漂っている。アスファルトの道路が湯気の立つ鍋のようになり、立ち昇る靄が宵闇のなかを動き回る。晩が近づいてくると、精神は穏やかになり、かすんだ光景を自分の好みに合わせて作り変えたり、想像上の謎めいた生き物で一杯にしたりできるだろう。

　霧や靄は好奇心をそそる。その謎めいた存在のなかには何が隠れているのか。霧や靄は人間にどんな効果を及ぼすのだろうか。

霧、この未知なるもの

　何カ月も前から、いつも変わらぬ低く灰色で靄のかかった空が夜明けの光を打ち消している。明日以降の天気予報はどうだろうか。携帯電話の画面では、水平方向のぼんやりとした線が太陽の円を覆い隠している。また霧だ！　太陽はなく、青ざめた光と灰色の霧では陽気にはなりがたい。夕べのニュースでは、小さな絵文字を使って――靄よりは明るいチャコールグレーの伸びた雲――、カトリーヌ・ラボルド〔一九八八―二〇一七年にかけて天気予報を担当したアナウンサー〕が何日も続く「執拗な」霧を告げており、寒冷前線の接近によって「霧氷を生じさせる」という。十六世紀にはジャン・ヴォークラン・ド・ラ・フレネが「魂にのしかかる」と言ってみせたこの霧が晴れる日は来るのだろうか。あらゆる予測を裏切り、いたるところに侵入し、人々や交通手段を混乱させるこの大気現象《メテオール》(1)を相手に、人間は（たとえば詩的に「雲撒《ま》き」と呼ばれる人工降雨によって）戦ってきた。空しいことだ！　せいぜいフォグランプが、壁のように道を塞ぐ不透明な層に穴をうがつことができるくらいだろう。

空と地面とのあいだをさながら無重力状態で漂い、霧は土から湧き上がりもすれば天蓋から降りてきもする。「雲の構成要素である極小の水滴ができかけの状態にある」という事実からしてさほど不透明ではない靄とは違って、霧はごく限られた視界（一キロメートル以下）しか許さない。

人が夢を紡ぎだす同じ材質からできているにもかかわらず、雲と霧はとても明確に区別される。雲が空に属しているのに対し、霧や靄は地面と水に結びついている。二つの俗語表現がこの本質的な相違を強調している。「雲のなかにいる〔夢想に浸っている〕」と「霧《ブルイヤール》のなかにいる〔訳が分からない〕[2]」だ。夢見がちで、ぼんやりしていて、それゆえに、あるいはそれとは関係なく詩人であり、無限に向けて開かれた彼方をさ迷うといった人物像に、道に迷い、目印を見失い、どこへ向かっているのかも、目標がどこなのかも分からないという人物像が対立している。

雲は伸び広がってほつれた長い帯となり、その輪郭は絶えず変化しつづけるのに対し、霧のほうは誰からも愛されず、ただ一様に広がるばかりだ。

天と大地のあいだで
綱の上に座っている芸人
彼は方向転換を誤った

天は彼を拒み
大地は彼を押し返す。(3)

霧に覆われる地域を指す「霧のたらい」がどこにあるかを天気図で見ると、ソーヌ川渓谷、あるいはシャトー＝シノンではそれに言及されないことが分かるが、それというのもこれらの地では、イギリスのニューカッスル同様に、一年に一五八日は霧が出ているのである。霧はその地の大部分を覆っている。その始まりは海であり、霧は海上に停滞している。

いつでも霧は航海士に嫌われてきた。とりわけ地球上で彼らが「闇の壺」と呼ぶ地域においてである。「海霧」と呼ばれる移流霧は、冷たい海面の上に低く厚く湿った空気の固まりが存在することによって起こる凝結の結果として発生する。熟練の気象学者であったヴィクトル・ユゴーは、『海に働く人々』のなかで「嵐のような霧」を注視している。その霧は「雑多な寄せ集めであり、特別に重さが不均衡な多様な蒸気が、水蒸気と一体となって積み重なり、靄を層に切り分けている」(4)。このような大気現象を描写したあと、作家はデュランド号の乗客の心に関心を向け、船全体が靄のなかに入ってゆく「奇妙な」瞬間を正確に描写している。「太陽はもはや大きな月でしかなかった。皆が震えていた。[…]ほとんど襞《ひだ》ひとつない海面は静寂によって冷たく脅迫してくるかのようだった。[…]一切が青白く色を失っていた」(5)。大災害が差し迫っているのだ。

大きな嵐のあと、ロゼール県のマルジュリド高原を歩いていたとき、私は、谷間の奥底のいたる

マルジュリド高原の霧（2011年）（著者提供）

ところから、地元で「狐」と呼ばれる白い奇妙な煙がゆっくりと上がってくるのを目にしたことがある。この変わった名称は、恐らくは沼の水が逃げてゆく土手の穴を指す同じ「狐」という語と関連づけるべきなのだろう。この蒸発霧は、極地では「北極海の煙[6]」という名で知られており、温かい水蒸気からできている。この水蒸気は海面から上がり、上空を漂う冷たい空気の固まりと混ざり合うのである。

スイスのピラトゥス山は「気圧を知らせる山」として知られ、「天気が良いときには帽子をかぶり、雨が降ると脱ぐ[7]」。しばしば「山上の霧」と呼ばれ、マルジュリドでは「ブリュミエ」と呼ばれる滑昇霧は、湿った空気が山や丘の斜面を昇るときにできる。実際のところそれは「山岳学的《オログラフィック》[8]」な雲であり、地上を這《は》い、山や人々を急速に覆い隠してしまう。目印もなく、光もなく、濃密な霧に捕われると、人は不安に包み込まれてしまう。ある男が、電報で母親が「危篤」であると知らされて、午前一一時にオーヴェルニュ地方のランジャックを出発した。母親に会うためには三〇キロを徒歩で行かねばならない。一五時、三時間歩いてもまだ目的地は遠かったが、空気がひんやりとして、「あちらこちらに濃い霧が現れた」。不安に駆られた彼は進むのをためらった。「時が進み、とりわけ霧は濃くなっていった。——雪模様で——白から暗い灰色に変わり、地面から上がってくると同様に周囲に『降って』くるようにも見え、感覚を麻痺させ、視覚、聴覚、触覚を鈍らせ、どんな目印も予測不能ではかないものにしてしまった」。最後には霧の「罠に捕えられ」た彼は、「木立の陰でエニシダを燃やして火を」起こし、それによって命を救われた。この地には彼の願いによって十字架が立てられ、〈わらの十字架〉と名づけられてその名をのちに伝えているという[9]。

また別のタイプの霧で、もっともよく発生するのが放射霧である。穏やかに晴れた夜、雲によって熱が遮られないとき、夜間の放射によって地面が冷えると地表で霧が発生し、多かれ少なかれ視界を制限する。この霧は一般的に好天を予告するものとされている。「もし霧が低く留まるなら、〈雨夫人〉はやって来ない」と、田舎では言われている。夕暮れが空を満たす頃の平和なひととき、湿った牧草地ではゆっくりと帯状の靄が広がり、妖精たちの夕暮れのバレエに合わせて絡まりあう。

アリストテレスによって「凝縮して水となった雲の残り[10]」と定義された霧の成分は、われわれの感受性に影響を与えている。一七三九年、オランダの物理学者ピーテル・ファン・ミュッセンブルークは、「地面に近いとき、空気には霧が満ちて」おり、その空気は「しばしば多様な大きさの粒子や水滴でできている」[11]と記している。『百科全書』において、ディドロとダランベールはより正確に霧を記述している。「大気現象の一種、目に見えない水蒸気と臭気からなり、地面から目に見えないまま上がってくるか大気からゆっくりと降りてくるかするために、宙吊りになっているように見える」。十九世紀まで、霧は地面から放出された水蒸気と臭気によってできていると信じられていた。『百科全書』の執筆者は、悪臭のしない水蒸気からなる霧と、臭気からなり「ひどい臭いがしてとても健康に悪い」霧とをはっきりと区別している。十八世紀前半にまだ普及していた科学理論によれば、「中心部の火の働きによって、［地球は］持続的な発酵作用を受けており、そこから臭気が発生し、その性質は地層の性質によって異なる」[12]と考えられていたのだ。たくさんの不衛生な場所、沼地や湿地、そこでは植物——古木や水生植物——がすっかり腐ってしまうし、しばしば捨てられた動物の死骸も混ざっている、そんな場所が当時は田舎に点在していた。一七九七年のある証言は、海辺の靄が原因の病気を強調している。

真昼の熱気のなか、まだ消えていなかった沿岸部の靄は「太陽の働きで昇華され」る。そのとき靄は「腐敗ガス」を放出し、それが腐敗熱を引き起こすことがある。[13]

植物や動物をも殺してしまう霧の存在が信じられていたことは、一六一八年の『良き労働者のための暦』におけるアントワーヌ・マギヌスによって証言されている。

聖パウロの日〔一月二十五日〕が晴れれば
良き一年を我らに告げる〔…〕
霧がとても濃いときには
いたるところで死者が出る。

広く普及していて、一八八〇年代に消滅したと思われる考えによると、臭気、水蒸気、煙は感染症の原因を伝播するとされていた。だがその考えは本当にもう広まってはいないだろうか。一九九〇年代の初めに、ジェームズ・ラヴロックは記している。

一九八二年の八月二日はまさしく晴天の一日だったが、荒野の眺めは栗色の、濃くて汚れた靄に完全に沈んでいた。何百万とうごめくヨーロッパの自動車やトラックのせいで空気は腐敗していた。その腸内に溜まったガスが穏やかなそよ風《ブルエ》のなかに漏れ出ていた〔…〕。日光の輝きによって避けがたい化学反応がこの蒸気を魔女のスープへと蒸留し、それが緑の葉を焼くのだった。(14)

魔女は、麦や果物を台無しにする目的で、霧《ブルイヤール》を意味する古語「ブルエ」と呼ばれる毒をまき散らすと言われていた。[15]「秋の霧は動物にも人にも良くない」[16]というこの信仰は、『大百科事典』にも記されており、そこには「濃い霧は花の受精を妨げ、葡萄や麦の実をつけさせない。[…]さらに、秋の霧は長続きすると、果物をまだらにして価値を下げる。[…]ジュラ山脈では『マニャン』と呼ばれる有害な霧が葉や花を焼く。南仏のほかの地域では、この霧は『ネプロ』と呼ばれている」[17]とある。

地面や沼から上がる蒸気はしばしば霧と結びつけられる。バス=ブルターニュ地方では、「海霧にモジデルという名が与えられ」[18]ており、それは靄を指していると、ポール・セビヨが報告している。煙を指す「スモーク」と霧を指す「フォッグ」から派生した「スモッグ」という語は、一九〇五年に「すすや煙が原因で霧の立った状況」を指すために用いられた。スモッグが何日も長続きするようになると、人々の健康に対する影響が――呼吸器の問題、死亡率――気がかりなものとなった。一九五二年十二月四日にロンドンで発生した大スモッグは五日間続き、「二酸化硫黄の増加と煙のレベルの上昇を原因とした四千に及ぶ死者の増加を引き起こした」[19]。こんにちにおいても、われわれの頭上の霧によって蓋をされて閉じ込められた空気の湿度を原因とする風邪や呼吸器障害が、毎冬、医師によって確認されているのである。

気象学的現実を前にして、こんにち、人は霧をどのように知覚しているだろうか。形を成すことを拒むこの物質のなかをさ迷う際に、私には確実な拠り所、そこからあらゆる方向へ光を当てられるような支点が必要だった。その固い核となってくれたのは、私が長年にわたって行ってきた調査である。それはあらゆる年齢の約二百人の成人に対するアンケートであり、そこにさらに、パリ郊外やトゥーレーヌ地方の小学校、幼稚園の子どもたちも加わっている。

霧をめぐる言説

白っぽい薄明りしか通さないあの漂う奇妙な物質を、人はどのように知覚するのだろうか。たくさんの固定観念があるなかでも、霧は灰色だという思い込みが広く人々の心に存在している。青白い光から「靴墨入れ」色まで、靄の銀色のまたたきから鈍い薄闇にいたるまで、いつでもあるのはぼやけた灰色である。この灰色に溶け込むと、各人がその固有性を失ってしまう。すべてが曇り、分解されるのである。ラミュの小説では、スイスのヴァレ州の中心部に位置するサン＝マルタン＝ダン・オーの住人に対し、「本を読む」人が太陽はもう二度と上がらないだろうと予言する。太陽の光は「なにかしらぼんやりとした灰色のものになり、むら雲とは反対側の暗闇から、ゆっくりとほぐれるように広がっている」[20]。透明さは消え失せ、輝きも活気もなくなり、不透明な暗がりが光と対立する。黒と白の混合ではあるが、灰色は不確かで曖昧なほかのあらゆる色合いを含んでおり、憂鬱を引き起こす。夕暮れどきに立つ靄を特徴づける乳白色についていえば、それは白い貴婦人や洗濯女、眠る池の上に現れる妖精たちにまつわる多くの伝説の起源であるだろう。

霧はまた「臭いの存在を告げる」ものであり、視界を覆い隠すことによって「嗅覚を鋭くする」[21]。良い香りを感じ取るのは大人だけである。工場の煙に由来する硫黄のひどい悪臭が、往時の文学テキストにおいては頻繁に言及されていたが、このようなネガティブな特徴は私の調査には現れていない。都市環境における空気の質の改善が貢献しているのだろう。モーパッサンにおいて海霧を特徴づけていた「奇妙な臭い」はもはや存在しない。「何も見えない厚み」に閉じ込められた者が「湿って冷ややかな闇を味わわないように口を閉じる」ことを余儀なくされる「煙と黴《かび》」[22]の臭いももはやない。奇妙な焦げ臭さ、「煉獄《れんごく》の天窓から発散する煙」[23]や、「地獄の臭いのする恐ろしい湯気」[24]はなおさら存在しない。われわれの時代には、霧は「新鮮」で、「腐植土」や「汗をかく大地」の香りを発散し、それに対しては恐らく女性のほうが男性よりもいくらか敏感である。

興味深いことに、いくつかの国――スコットランドと幽霊の住む城館、イギリスとロンドンの霧――を除けば、われわれの多くにとって霧はある場所よりもある時間帯に強く結びついている。気温はさまざまであるが、一日のうちの薄明の時刻――夜明けまたは夕暮れどき――そして一年のうちの特定の季節――春と秋――は、霧の発生に都合がいい。これらの期間は二つの世界の通り道、あいだに漂う空間である。ボードレールによって「眠りに誘う季節」と呼ばれた秋は、夏の暑さと冬の凍える寒さとのあいだ、太陽が燦然《さんぜん》と輝く日々の陽気さと灰色の日々の悲しみのあいだでためらっている。

どんな文学作品のなかに霧が潜り込んでいるかが気になって、私は調査の合間に質問してみたも

オブラック高原の霧（2005年）（著者提供）

のだった。誰もがウィリアム・シェークスピアの悲劇を引用した。ところが実際には、幽霊は繰り返し登場するけれども、霧はほとんど出てきていない。とっさに挙げられたそのほかの作品といえば、『バスカヴィル家の犬』〔コナン・ドイルの小説、シャーロック・ホームズのシリーズの一冊〕や、とりわけ『グラン・モーヌ』〔アラン・フルニエの小説〕があり、とくに後者は特異な例である。「霧」という語は一度しか使われておらず、「靄」はたった六度だが、それも単に天気を示しているだけなのだ。忘れられた領地で行われる奇妙な祭りを、実際には霧も靄も覆ってはいないのである！　ただ雰囲気が――『グラン・モーヌ』では憂鬱な、シェークスピア劇では悲劇的な――が、これらの情景を大量の霧で覆うように誘うのである。

それはわれわれの想像力が生み出す霧である。

曖昧な存在である霧は、同じ人によって「快適」にも「不快」にも感じられうる。多くの者にとっては冷たく、湿っていて危険なものと見なされるだろう。多くの場合に比喩的な意味で使われるいくつもの表現――「霧のなかを泳ぐ」、「霧に沈む」、「霧に溺れる」、「霧のなかを苦労して歩く」――が、空気（男性名詞）と水（女性名詞）という男性／女性の混合における水の優位性を強調している。湿気はあらゆる年代に感知されている。「靄のなかでは風邪をひく」と、六十二歳の大人が書いている。別の三十六歳の人も同じことを述べ、「靄のなかではみんな風邪、霧のなかではみんなおかしい」と記している。十一歳の少年も書いている。「靄は風邪をひかせるけど、霧は芸術品！」もっとも、十八世紀初頭のカイリュス夫人は、〈霧の王〉と〈光の王女〉の結婚の際、「霧がそろってたいへんな湿気を広めたので、王宮全体が風邪をひき」、王は招待客に「防水の布地で作った上着」[25]を与えねばならなかったと記している。すべては昔から言われているのだ！

この「未知の」、「奇妙な」、「驚くべき」、「魔法の」要素を前にして、一番良い部分を取るのは謎である。霧は知覚に働きかけて不安にさせるので、人は「悲しみ」に沈み、「不安」に襲われる。その不安は「太古の」もので、「世界の原初」からの「説明不可能な」要素と結びついている。多くの者にとって、それは「罠」、「巨大な迷宮」である。ひとたびその網に捕えられたら、どうやって道をたどり、このはかない物質のなかに出口を見つければいいのだろうか。『霧』〔アンリ・ブーグラの小説〕の主人公、イジドール・デュヴァルはそんな経験をする。町を覆ったまま消えることのない「厚く、どろりと湿った」[26]霧に閉じ込められ、彼はその網に捕まって死ぬ。霧はあらゆる場所に忍び込み、「孤立させ」、「覆い隠し」、「窒息させる」。固有の生命を得た意地悪い精霊さながら、そこに迷う者を溶かして「吸収」してしまうことさえあるのだ。

靄はといえば、埋葬の場と見なされ、多くの作家にインスピレーションを与えてきた。一切から切り離され、熱をもった地面から分厚い霧が立ち昇るとき、モーパッサンの短編『水の上』の語り手が見つめる川は、「少しずつ、水面の低い所を這《は》うとても厚い白霧に覆われ」る。彼は続けている。「僕はもう川も、自分の足も、舟も見えず、ただ葦の先と、それからずっと先に月光で青ざめた平原が見えるだけだった［…］。僕は腰の辺りまで奇妙なほど白い綿に埋もれていた」[27]。動くものは何もなく、時の流れは中断し、一瞬が永遠のように感じられる。同じような経験が、このたびは山においてだが、ラミュの『霧に迷った男の話』のなかで描かれている。

寒くなるのと同時に、自分のうちに何か奇妙なものが湧き上がってくるのを感じた。あたかも自分が地上から消されたかのように、あたかもこの世の外にいるかのように。死のときにそうであるかのようにひとりきりだった［…］、あたかもかつて何物にも繋がっていなかったかのようだった[28]。

一切から切り離され、当惑し、動揺し、居場所を失い、誰もがひとり、自らの運命に引き渡される。暗さ、不確かさ、未決定性が、恐怖と、そして最終的には死の恐れと結びつく。不安を掻き立てる個人的な記憶によって、霧の不吉な側面が確かなものとなる。自動車事故や、山での遭難だ。そうした思い出は一般的に男性に顕著であり、すぐにそれを死と結びつけ、恐ろしいものだと言う。女性にあっては正反対の傾向が見られる。女性は「柔らかい繭《まゆ》」である霧を高く評価する。それというのも「体を抱く手のように」、「休息」、「平和」、「沈黙」、静謐さを味わう術を知る者を包んでくれるのである。それゆえに彼女たちはウンベルト・エーコに同意する。彼にとっては、

霧は良いものであり、それを知り愛する者に忠実に報いてくれる。霧のなかを歩くことは、登山靴で踏みしめながら雪のなかを歩くよりも心地よい。それというのも霧はただ下からだけでなく、上からも力づけてくれるからだ。霧は汚されることなく、破壊されることもない。われわれの周りを情愛を込めて漂い、人が通り過ぎたあとには元に戻り、肺を満たし、強く健康的な香りを発し、頬をなで、首筋やあごの下に入り込んでは肌をつつき、こちらが近づいていくときには幽霊を見させるが、すぐに消えてゆく。あるいは鼻先に恐らくは現実のシルエットを浮かばせ、それはこちらを避けて虚空に消えてゆく。霧のなかでは外界から保護されており、自己の内面と向かい合わせになるのだ。[29]

このような感性に呼応して、私がインタビューしたアイルランドの女性は、自分の絵画制作に関

してこう指摘した。「霧のなかに、私は色や形を見ます。霧のなかで私はひとりで、世界は外にあり、私は平静でいられるのです。それは明晰《めいせき》さです。矛盾することは分かっていますが、それは思考やアイデア、精神を明確にしてくれます。次の絵画のためのアイデアを得ることができるんです」。靄や霧には「消去」の能力が付与されており、見たくないものをぼかしたり、消し去ってくれたりする。おぼろげで光り輝いている靄には、光景を美しくする能力が満場一致で認められており、くっきりしすぎている輪郭をぼかし、さらに夢のような詩的な能力も備えている。靄は「熱」、温かさ、光の期待、夜明けのように「開けていく何か」の希望でもありえるのだ。

霧の向こうに

遊戯的な能力を備えた霧は、「まだ形がはっきりしない、あるいは消えてゆく古い形がまだ新しい明確な形に取って代わられていないとき(30)」、新しい世界へと通じている。「風変りで」、「奇妙な」光景、池のほとりの柳や羽ばたいて飛んでゆく鳥は、霧のなかで姿を変える。

形もなく、顔もなく、
色もなく、視線もなく、
霧の沖を

過ぎてゆくものは何か。
野性的な心を持った
肉体ある存在か、
木々の魂か、
あるいはわたしの映った姿か、
わたし自身の分身
それをわたしは不意に捉える
幽霊のさ迷う
この未知なる世界の
もっとも濃い霧のなかに。(31)

光源がないとき、個人は自分の厚みを失う。もはや形、奇妙でおかしな影でしか自分を見分けられなくなる。霧のカーテンに隠された舞台の上をためらいが支配する。「どんな形も見知らぬものではなかったが、どんな形も見分けられなかった(32)」と、ジョン・ラスキンは一八五〇年頃に記している。

代わる代わる「不安を掻き立てる」、「悲しい」、「陰鬱な」、「裏切り者で」、「不吉な映画」の背景となる霧は、長きにわたって集団的想像界に影響力を及ぼしたために、幽霊がもっとも好む領域であった。それが幽霊の物質そのものを形成しないときには、霧は亡霊に先行し、その周囲を取り囲む。「私は一九四五年にアウシュヴィッツから出ました」と、死の収容所から生き延びた女性が証言している。「とても寒く、じめじめとしていました。私はぶ厚くて音のしない霧に囲まれていました。自分の周りに何千もの魂がいるような気持ちでした。誓って申しますが、私は霧の沈黙のなかに、魂が泣く声を聞いていたのです[33]」。

アリストテレスはすでに「厚く濃密な［…］水蒸気」が「空気中に肖像を描き、恐怖で人を震えさせる[34]」効果を強調していた。十六世紀の終り、ピエール・ル・ロワイエもまた『幽霊の書』のなかで、天使や悪魔は空気からできているという信仰を報告している。それゆえに彼らの出現や消失は容易になるのだろう。

> しかしながら本当らしく思われ、人々が信じていることには、彼らはむしろ空気の体を持ち、それを厚くし、地上から上がる水蒸気を形成し、その体を回転させ、好きなように動かすのである。ちょうど風が雲を動かすように。そして水蒸気でしかないだけに、望むときに姿を消すことができるのである[35]。

軽さを特徴とするさ迷う魂は、靄のように天と地のあいだを漂い、しばしば靄の色合いや性質を借り受けるのである。

このような幽霊の出現は、「靄《ブリューム》」（一二六五年）という語の驚くべき語源、ラテン語のbruma、すなわち「一年でもっとも短い日」と関係があるのだろうか。冬至、ゼロ地点。それは一年のなかで、生者の世界と死者の世界が通じ合う日だと考えられてきた。一年の転換期において死者が生者のもとへ帰ってくるという信仰は、多くの社会に見られるものである。民間信仰においては「靄」という語が一年のなかで恵みをもたらす時期を示すが、「曇らせる《ブルイエ》」という動詞から派生した「霧《ブルイヤール》」――興味深いことには液体の「スープ《ブイヨン》」と関係づけられる――は、一時的あるいは持続的な混乱と動揺の状態を示唆している。奇妙なことにフランス語では、他の言語に見られるように雲と同じ語源を持つわけではない。

知らず知らずのうちに、これらの幽霊たち――しばしばシーツの下に隠れたり、経帷子《きょうかたびら》に覆われている姿で表現されたりする亡霊――は、とても寒い日に、地面を保護するいろいろな織物に譬《たと》えられる霧へとわれわれを導いてゆく。秋の労働によって耕された大地は太陽に身をさらし、太陽は土を貫いて豊かにする。すると反作用によって大地は「天に熱を返し、霧を生み出す」(36)。繊維への参照、とくに温かく、優しく快適な綿への参照は、霧の外見によって説明づけられるだろう。それは綿の固まりに似ているが、綿は不定形で、好きなように細工できる物質なのである。

軽くて空気のような霧は、大地とそこに住む者を覆ったり明るみにさらしたりし、谷間を包み隠し、山々を裸にする。風は霧を引き裂いたり、変形させたり、引き伸ばして毛の房のようにしたりするが、そんな風に従う霧に捕えられた者のことを「綿に包まれる」と言う習慣がある。ページを繰れば、文学作品は「詰め綿をした光景」、「羊毛のような天井」、「霧のクロス」、あるいは「靄のカーテン」に溢れているだろう。「短繊維」、「霧の固まり」、「靄の房飾り《フロッシュ》」、ノルマンディーにおいては「綿の房飾り《フロケ》」など、霧に関する織物の隠喩は数多い。山の頂上を守る帽子から、空に揺すぶられる「靄のシャツ」[37]を経て、霧色のコートにいたるまで、ありとあらゆる衣装が並べられている！

いつの時代においても、靄と霧は目に見えない覆いを表してきた。古代においてすでに霧は神々の領域に属し、人間たちの目から神々を隠す役割を担っていた。ヘシオドス描くところのヘリコン山のムーサたちは、「深い靄に包まれながら夜の小道を行く」[38]。ウェルギリウスはといえば、テキストのなかで繰り返し、神々を隠して守るための雲の覆いを思い描いている。神々はその襞《ひだ》に覆われているのである。福音史家マルコの語るところでは、山上のキリストと三人の弟子は雲に覆われ、「雲から出た声が［…］言う。『これは選ばれし我が息子。その声を聞け！』」[39]『聖書辞典』[40]によれば、多くの場合に神の顕現は雲を伴っており、その雲は輝いているときもあれば曇っていることもあるが、いずれにしても神の住まいなのである。

このような越えることのできない境界として、霧の雲は二つの世界の敷居、通過点を定める。ホメロスは『オデュッセイア』の第十一歌において、「大地の果てに」閉じ込められた世界に触れている。「そこではキンメリオイ族の国と町が、靄と雲に包まれて」いる。死者の国の入り口であるが、そこへは「この真っ暗な靄の下」を通らなければ到達できない。『神統記』において、ヘシオドスは暗い土地、靄のかかったタルタロスを描いている。「その上に大地や不毛な海の根が生えている。

そこにはティタンの神々が靄のかかった闇のなか、あのかび臭い場所、巨大な大地の果てに隠れている」[41]。

ここにおいて霧は王国の境界を示しており、そこに閉じ込められた不吉な神々に死者の群れが結びつけられる。この異界は恐怖を感じさせ、霧の特徴である湿気と暗さが支配している。この暗いヴィジョンとは反対に、ケルトやゲルマンの神話では、あの世は「豊饒の国［…］そこで人々はスポーツに打ち込み［…］死者の楽しみのために女たちがいる」[42]、あるいは「ほほえむような」土地であると、ジャック・ル・ゴフは煉獄についての研究のなかで記している[43]。

散文の『ランスロ』〔十三世紀、著者不明〕において霧は城壁と見なされている。「帰らぬ谷」あるいは「偽りの恋人たちの谷」の底には不実な恋を抱いた騎士が捕われており、「驚くほどしっかりと閉ざされ塞がれているが、それというのもその壁は空気のように捉えにくいものだから」であり、その囲いは「煙のように見える」。そこへ入っていった通り道を再び見つけることは不可能である。この予測不可能な気象現象によって、騙す者が騙されることになるのである。

オリジナルのテキストは中世に失われてしまった『天国を求める聖ブランダンの航海日誌』において、聖ブランダンと弟子たちは、〈魔法の島〉を求めているさなか、「不透明な霧」でできた壁にぶつかる。その壁は秘伝を授かっていない者の目から島を隠しているのだ。目的地に近づいていくと、黒い靄は「白く金色に輝く靄に変わり、それが彼らを包み、芯まで凍えさせた」[44]。数日間の苦闘の末、暗い層のなかから汚れのない山が現れる。「そのクリスタルはあまりにも純粋で明るいので、壁越しにも黄金の祭壇を見ることができた」。この靄の壁というモチーフはキリスト教世界に存続し、こんにちでも色々な作家に取り上げられている。アメリカのSF作家マリオン・ジマー・ブラッドリーは『アヴァロンの霧』のなかで、アヴァロン島が「永遠の薄紫の靄」で覆われ、「秘伝を授かった者以外の人間たちの目からは隠されている」と書いている。

こんにち、霧はまだこの保護する役割を保っているだろうか。泥棒から身を守るために霧の助けを借りることがある。警報装置が作動すると、煙がすべてのものを見えなくしてしまうのに数秒あれば十分だという。かつては神聖な領域に属するもの――神々や土地――を隠していた霧が、いまでは金庫と同列に扱われているのだ！

霧、自由の空間

霧の波が広がるとき、神の目からも人間の視線からも隠されて、「闇は他者や自分自身の監視からわれわれを守ってくれるので［…］、意識的にあるいは不安から思いとどまってしまうような行為を行うのに、日の下よりも適している」[45]。そこに開ける自由の空間においては、あらゆることが起こりうるのだ。

作家たちの筆のもと、推理小説、幻想小説やSF小説のなかで、強姦者や殺人者は霧と結びついている。アンリ・プーラによる『山のガスパール』（一九三一）の主人公にとって、「山に霧が出るとき［…］」、それは自由であり、野蛮さであり」、捕食者が悪事を行うための時間なのだ。それはまた、メアリー・ウェブの小説『サルン』（一九二四）におけるように、各人が自身の運命に対して行動する自由を手にし、己の死を決定する瞬間でもある。物語の終りでは、ジェデオン・サルンの子を妊娠したジャンシス・ベギルディが、皆から見捨てられた挙句に家の近くの池に入って自殺する。ジェデオンは後悔に囚われ、靄のなかから上がってくるジャンシスの歌声を耳にし、「池の中心に向かって集まり凝固していく羊毛のような白い茂みから［…］、空気中に漂う女の姿」が現れるのを目にする。ある晩、今度は彼が姿を消し、溺死する。「霧の掛け布団の下にひとり」残された妹は、兄の死を想起して言う。「なんと奇妙な出来事だろう。彼はベッドで死んだのでも事故で死んだのでもなく、ただ自分の意志で靄のなかへ逃れてゆき、姿を消したんだわ。［…］彼には空間と自由が必要だったのね」[46]。霧はまさしく空間を作り出し、そこにおいて文明世界や道徳の規則は無効になるのである。

アルコールによる酩酊《フュメ》と霧の蒸気《フュメ》とを結びつけて、ボリス・ヴィアンは『恋は盲目』（一九四九）という短編小説を著し、オルヴェール・ラテュイルが長い睡眠のあとに目を覚ましたところ、霧がすべてを覆っているために自分が盲目になってしまったと勘違いする様を描いている。見えない理由を探そうとして、彼は裸のまま町中をさ迷い、偶然に出会った女性を気安くからかう。だが霧はいつまでも続くわけではなかった！　そして「霧が晴れたあとも［…］、人生は幸せなままに継続した。皆が自分の目をえぐってしまったからである」[47]。ついに自由となり、強制も禁止もなく、自分自身の良心のほかにはどんな視線も感じることなく、人間はあらゆる禁じられた快楽に身を委ねられるのだ。

トマス・ハーディの描く人物アレク・ダーバヴィルは、「あらゆるものの姿を変えてしまう」霧を利用できると考え、テスという名の娘と一緒に森のなかへ入ってゆく。自分たちがいる場所を見定めようとする娘の不安を前に、「今や木々のあいだに覆いを形成している蒸気の織物のなかへと彼は消えてゆく」。何も見つけられず、彼は引き返す。

だが月は沈み、そしてまた霧のために森は深い闇に包まれていた。［…］

「テス！」とダーバヴィルは叫んだ。

返事はない。闇はとても深かったので、彼の目に入ったのは、ただ足元のぼんやりと青ざめたもの、枯葉の上の白い影だけだった。(48)

そして起こるべき事が起こる。

あるＳＦ小説は、夜なかに出版社の事務所で世界中から届く電報を待っている二人のジャーナリストを描いている。名前も知らない町から届いた通信が彼らの注意を引く。「クセビコ、九月十六日。人類史上もっとも厚い霧が昨日の一六時から町を覆っている」。続いて、よりいっそう不安を掻き立てる第二報が届けられる。それによれば町は完全な闇に沈んでいるという。同時に「吐き気を催させるような悪臭」も報告される。その地の聖具室係によれば、この奇妙な霧は「墓地から発生した」らしく、「靄でできた亡霊」の姿をしているらしい。最後の通信は、霧が生命を得たと告げる。男も女も「うつぶせで」地面に横たわっており、「靄のシルエットが彼らをやさしく撫でていく。そのシルエットは彼らのそばに膝をつく。彼らは……。いいや、私には言うことができない！」[49]。

強姦や殺人は侵犯であり、たいていの場合には教育や宗教の規制によって抑圧された欲動を満たすものであるが、ひとたび霧に包まれると、どんな検閲からも逃れて表出するのである。

創造性の源泉としての霧

霧はただ禁止に歯向かうことを許すだけではない。綿毛に包まれて攻撃から守られ、外界に対して盲目になると、われわれは誰しも自身の内面世界から固有の芸術作品を想像し、創り出すことができるようになる。オスカー・ワイルドによれば芸術はあらゆるものを「実在へと誕生させる」のだ。彼は続けて述べている。「人々が霧を見るのは、霧が存在するからではなく、画家や詩人がそのような現象の持つ不思議な魅力を彼らに教えたからである。恐らく、ロンドンには何世紀も前から霧があっただろう。それはまったくありそうなことだが、誰もそれを見ていなかったから、われわれはそれについて何も知らなかったのである」[50]。霧によって開かれた創造的空間とその想像力への働きかけは、その美的機能よりもいっそう貴重なものである。カスパー・ダーヴィト・フリードリヒは記している。「霧に覆われた光景はより広大に見え、想像力を活気づけ、ベールで覆われた娘さながらに期待を高めてくれる」。

画家から写真家まで、そして作家から映画監督まで、霧とその効果に魅了された芸術家は数多い。西洋では十八世紀末からだが、中国においては霧への関心はもっと古くから存在した。目に見えるものの中断によって、夢幻的なイメージが練り上げられる。軽やかな霧が立ち、青空に散らばる陽気な雲の影が谷間に広がる光景の前で夢想に耽《ふけ》り、ブロンドの髪の妖精が靄の輝きに包まれ、森林のなかの苔むす空き地で夕暮れどきに踊る姿を想像し、オスカー・ワイルドが『嘘の衰退』のなかで記している「通りに忍び込んでくる淡褐色のあの見事な霧」を凝視し、幻覚を引き起こして人を欺く霧と隠れん坊をする……。そのとき視界に映るもの、もはや存在しない光景や形をどうやって再現することができるだろうか。

絵画においては、靄や霧の登場は新しい絵画のジャンル、すなわち風景画の発展と結びついていた。風景はイタリアやフランドルの画家の描く歴史画のなかに古くから存在していたが、フランスにおいて自立するのは十八世紀、ルソーの影響下にあった時代のことである。中国絵画においては、その黄金時代は八世紀から十一世紀にかけてであった。芸術家が掛け軸に霧を描いたとき、彼らは何を求めていたのだろうか。靄は謎めいた空虚であり、そこで起きる変化を読み解かなければならなかったのだろうか。生の運動に導かれるに任せ、空白や空虚を残し、絵筆による輪郭を完成させず、描かれたもの全体をひとつにする、それが中国の文人画家の姿勢であった。ある概説書は、「朝靄や夕霧に浸り、事物が薄明りに沈んで、まだ輪郭ははっきりしているが、すでに目に見えないかさに包まれて一体となっているとき(51)」に、山を描く難しさを強調している。

フリードリヒ、ターナー、フュースリー、モネといった霧に魅了されたヨーロッパの画家のなかで、ホイッスラーは、変化する世界の本質をつかもうとして靄に没頭した最初の画家のひとりである。とりわけ「夜霧が川岸を詩情で覆い[…]、高い煙突が小鐘楼となり、闇夜のなかで商店が宮殿となる(52)」瞬間が重要だった。

フリードリヒにとって風景は詩的言語であり、瞑想的な夢想を可能とするものだった。十九世紀初めに、彼は霧に覆われた風景をたくさん描いたが、しばしばその霧はくっきりとした前景と、空へ昇ってゆく謎めいた彼岸とを分け隔てている（口絵11参照）。

変わりやすく移ろいやすい霧は「驚くべき効果の連続」を生み出す。テムズ川の靄があらゆる事物からはっきりした輪郭を奪ってしまうとき、モネはその効果をつかまえようと苦労した。「どれほど驚くべきものがあることか、だがそれは五分間しか続かない！　気が狂いそうだ！」と、彼は一九〇一年に、ロンドンから妻のアリスに書き送っている。彼は四十四枚もの絵を同時に進行させたが、そのことはこの絵画的挑戦のスケールをよく語っていよう（口絵12参照）。モネの探求に近いところにいる日本の彫刻家、中谷芙二子（一九三三年生まれ〔雪の研究で有名な物理学者、中谷宇吉郎の娘〕）は、瞬間的に生まれては消えてゆく自然現象に熱中し、水、大気、風、時間と戯れながら、霧の彫刻を生み出した最初の芸術家である。「私がひとつの場面を作ると、そこで自然が自ら表現

ボルドー市、ブルス広場の水の鏡
(©Danièle Schneider / Photononstop)

する」と彼女は言う。「私は靄の彫刻家だけれど、その形を固定しようとは思わない」。彼女の彫刻ははかなく、「人々を楽しませ」、「靄のなかを歩き、情報社会のなかで過度に搾取されている視覚以外の感覚を満足させる」ことを目的としていると、彼女は明確に述べている。

そこに、少なくとも芸術の領域における、そして恐らくはそれを介して社会的なものといえる、いわば霧の「復権」があるのではないだろうか。では芸術家――画家、彫刻家、写真家――が靄や霧の美的ないし詩的イメージを求めるのに対し、どうして作家においては、憂鬱、悲しみや死がより支配的なのかと問うてみることもできるだろう。

十九世紀前半、啓蒙の十八世紀から解放されたロマン主義は自由を体現していた。自然を背景にして、ロマン主義は神秘と幻想の趣向を称揚した。霧が形をあらわにさせるのは何か。それはただの幻想か、あるいはわれわれにとって未知の法則に支配された新しい現実だろうか。このジレンマを前に、われわれの不安は幻想に生命を吹き込むことになる。ポール・セビヨが想起する万聖節の船は「音もなく進み」、「帆はぼろ布でしかなく」、「行方不明になったと信じられていた」船だ。それを目にして、消え去った者たちに再会できるものと皆が駆け寄る。群衆の問いかけに対して、

答える甘い声はなく、
水夫たちは、悲し気に、
甲板の上から動こうとしない［…］

だが、霧にかすんだ教会で
鐘が新しい日を告げるとき、
船は、煙のように、
水上に姿を消し、戻らない。

それというのも船は影にすぎなかったのだ。
死によって硬直した水夫たちは、
この暗い夜に戻ってきて

哀悼歌を懇願するのだ。[53]

「科学が日々、驚異の限界を後退させ」、「闇は［…］もはや幽霊が住まなくなって明るくなったように見える」[54]とモーパッサンが記す世界において、霧には常に特別な地位が与えられてきた。恐らくはそのために、霧は映画や演劇の舞台装置の一要素として認められているのだろう。非現実的で謎めいた世界の条件を作り出すことで、霧は「不気味なもの」という印象を引き起こす。自由に造形可能であり非時間的であるために、あらゆる空想を詰め込むことができるのである。それは夢の素材であり、あまりに重すぎる現実を覆い隠してくれる。われわれには霧が必要なのだと、イスマイル・カダレは指摘している。「この宇宙の様相と事実はわれわれの目と意識にとってあまりに恐怖であるからだ[55]」。「この靄で覆われた空の下」でしか伝説は現れることができない。「その空の光は控え目で灰色がかっており、もっとも幸せな日々においてさえ、不確かさと混沌の価値は理解されるのである[56]」と、ポール・アザールは述べている。

霧は必要なのだろうか。確かにそうだ。だがそれがますます慎み深くなっているのなら、どこで霧に出会えるのだろうか。人口の七五・五パーセントに及ぶ都会に住む人々は、霧に何を見るのだろうか。二〇〇九年になされた調査では、ここ三十年のあいだにヨーロッパで靄や霧といった事象の起きる回数は減少したと報告されている[57]。パリのモンスーリでは過去十年のあいだに、視界が一キロ以下に制限されたのは年に二十時間でしかなかった。この状況は大きく二つの原因によって説明できる。都会の中心では周囲の田舎よりも夜の気温が下がらないし、水分も少ない（森、芝生、河川のように大気に水分を供給できる表面がわずかしかない）のである。アスファルトやコンクリートで覆われ、建造物で窒息させられ、大地は呼吸できなくなっている。

『月曜物語』のなかで、アルフォンス・ドーデは観察している。「大都市の中心部では、霧が雪以上に長持ちすることはない。屋根によって引き裂かれ、壁に吸収されてしまうのだ」[58]。しかしながら、いつでもそうだったというわけではない。チュルゴの地図の一枚を見ると、十八世紀においては地面の性質や建物の密度が大きく異なっていたことが、一七六二年から一七八九年のあいだのパリの状況を説明してくれるだろう。「集められた観察記録によれば、霧は頻繁に起こっていた。とても厚かったので松明ももはや識別されないほどだった。御者はすすんで座席から降り、通りの隅を手探りしながら進んだり、あと戻りしたりしていた。お互いが見えないので人々はぶつかり合っていた。自分の家に帰る代わりに、隣家に入ってしまうのだった」[59]。パリの有名なキャンズヴァン盲人院の盲人たちに助けを借りにいくほどだった。彼らは見ずにパリの町をゆくことに慣れていたからである。

最近の環境では以前ほど頻繁に現れはしないが、それでも霧はまだわれわれの想像力のうちに住みつづけている。イメージが現れ、それはテキストのなかで頻繁に比喩や暗喩に頼りながら表現されるが、それらの譬《たと》えはこの驚くべき大気現象を何か既知のものに結びつけたいという欲求の存在を証している。より驚くべきなのは、異なる文化の浸透や、精神状態の変化にもかかわらず、われわれの表象が、紋切型へと移行しながらも時の摩滅に耐え、数世紀前と同じようにわれわれの内面に存続している、そのあり様である。かつてと同じようにこんにちでも、精神の創造物(幽霊、織物のアレゴリー……)は、手に触れられる現実を気に留めてはいない。親しいものであれ遠くのものであれ、夢に見られるものであれ現実のものであれ、霧はわれわれの文化遺産に今も強く結びついているのである。ちょうど、光の射さない夜明けどきにも執拗に留まりつづけているように。

(足立和彦訳)

第6章　雷雨の気配

アヌーシュカ・ヴァザック

雨だ、雨だ、羊飼いの娘よ
君の白い羊を急かして
私のわらぶきの家へ向かいましょう
羊飼いの娘よ、早く行きましょう
聞こえるのです、葉叢に
滴る大きな雨音が
ほら、ほら雷雨が来た
あっ、稲妻が光っている
ファーブル・デグランティーヌ、一七八〇年

死刑台へ向かうファーブル・デグランティーヌ〔フランスの政治家、作家、革命暦の名称の提唱者、一七五〇―九四〕が護送馬車で口ずさんでいたといわれる、彼の歌は、少なくともフランスの雷雨の想像領域を明らかにする。「多様な感覚[1]」――視覚と聴覚、さらには嗅覚と触覚――と通ずる大気現象である雷雨は、思いがけない雷雨によって発せられる「ほら」と稲妻を見て口にする「あっ」のあいだの、ほんの一瞬で表されている。しかし、歌を知るひとは、牧歌的情景やマリー＝アントワネットの連想をともなう田園詩を超えて、革命の大動乱がすでに勃発寸前であることを理解しないだろうか？　本質的にフランス特有と思われる、この象徴体系には、語りうる歴史がある。もっとも、現実にしたがって、穏やかな気候における天候の感性に則って雷雨の猛威を解釈するだけでは、その象徴体系を十分に読み解くことはできないだろう。暴風雨や突風と同様に、雷雨は決して

自然のみに限定される現象ではなく、どの大気現象よりもひとの心を動かし、豊かな意味を含みもつ。それはたしかに、人々を夢中にさせ、虜にし、動揺させる、あの「大気の突飛さ」〔ラヴォワジエ〔近代化学の創始者、一七四三―九四〕〕をはっきりと表すのだ。しかし、雷雨はつねに同一の象徴的価値や美的効力を有してきたわけではない。その歴史は、空の非宗教化における別の大気現象の歴史と交差する。だが、雷雨は、局地的であるがゆえに、つねに破壊的で決定的となりうる変動を明かすのである。

雷雨、暴風雨、突風

雷雨を類似する大気現象――暴風雨、突風のみならず竜巻、トルネード、旋風も――と区別するまえに、その気候学上の定義だけ引いておきたい。雷雨とは「地表から連続して聞き取れる、ふたつの雷鳴によって特徴づけられる大気現象」である。気候学者のマルティーヌ・タボーは、世界気象機関の次の定義を明示する。「一回の瞬間的な閃光〔稲妻〕と一回の乾いた音〔雷鳴〕によって現れる、一回ないし複数回の大気放電で「雷雨を」定義することができるだろう」[2]。暴風雨と異なり、雷雨は局地的な大気現象であるが、竜巻やトルネードほどではない。しかし、われわれの雷雨に対する認識は、おそらくほかの大気現象の認識と同じように、この局地的な性格を部分的に喪失したといえる。新聞[3]やテレビの天気予報で広められる総観天気図が、少なくとも予想方法において、われわれに概観的な見方を与えるからである。このような現代的認識は、時間性に悪影響を及ぼす。つまり、雷雨も天気予報の対象となって、予想が比較的漠然としてしまうのだ。おそらく農民がまったく必要としない予報と言わざるをえないのだが、都市の住人かどうかもわからない某氏や行政当局が、注意深く神の怒りとの対決に備え、場合によっては起こりうる被害への予防策をとれるように導きうるものとなる。領域についていえば、雷雨が暴風雨よりもはるかに予測不能であることは変わらないので、今日われわれが知ることができるのも、「雷雨のおそれ」が自分のいる場所を越えた広域の地理空間に関わるということくらいである。大気の移動、低気圧、高気圧はいまや、もうかなり前からだが、気象局のデータに基づいて作成された天気図のコードにしたがって、「一般大衆」に可視化されている。

雷雨は、そこにおいて、音の威力、目印を見紛わせる眩い光の一部を失っている。ラウザーバーグ〔画家、一七四〇―一八一二〕のタブローで描かれているような「雷雨に遭う」旅人も、昔ほど孤立を感じないであろう。たとえ「雷雨が不安定に自然発生し、物理的に理解しにくい現象のひとつでありつづけている」[4]としても。まさに、その局地性ゆえに予測不能だという特徴によって、雷雨は暴風雨ほどメディアの対象にもならない。メディア向きとなったのは、マリエ＝ダヴィ[5]〔フランスの気象学者、物理学者、一八二〇―九三〕が「低気圧」の概念を発明したことで、以後、われわれの「内面」に組み込まれた暴風雨であった。ただし、トルネードや竜巻として倍加され、局地的に猛威をふるうという雷雨の主要な定義の特徴が強調されることもある[6]。そうなると、メディアは、そ

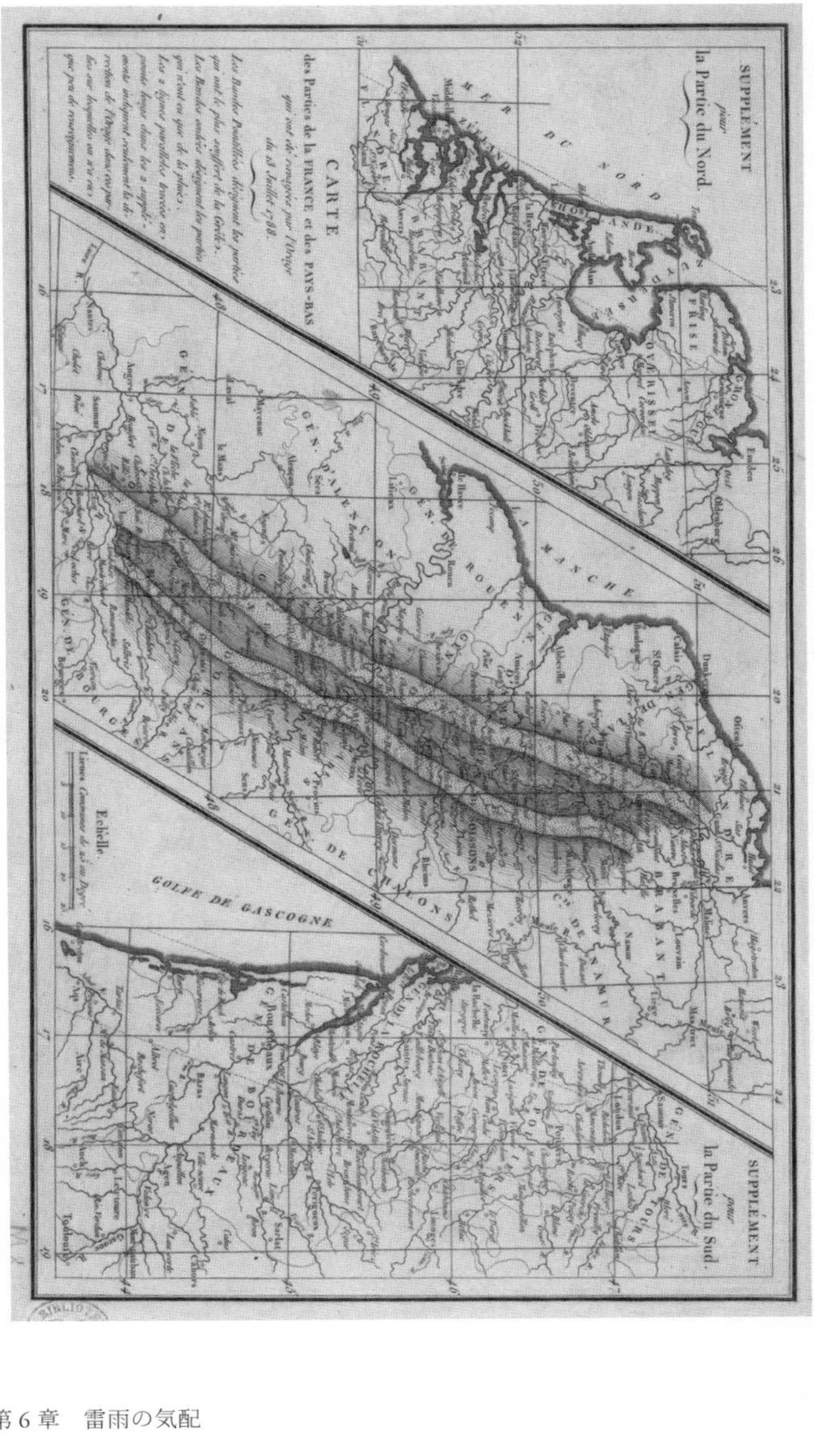

ビュアシュの地図、『科学アカデミー論文集』(1790年)

の被害をあとで見せるためにせよ、いわゆる「警戒」予想図のかたちをとるにせよ、それをキャッチする。いずれにせよ、暴風雨が雷雨よりも予測しやすいことに変わりはなく、暴風雨はビューフォート風力階級によってあらかじめ規定されうる。もちろん、暴風雨の予想レベルが、議論、論争にさえもなりやすいのは、フランス気象局の予想が不十分であったとされる、一九九九年の暴風雨ロタールとマルタンの例が示したとおりである。したがって、「メディア抜きの暴風雨は、存在しない暴風雨」(7)となる。雷雨も場所を図示されうるが、状況は異なる。一七八八年七月十三日の雷雨のふたつの帯状の地帯を表す、ビュアシュ〔フランスの地理学者、一七四一―一八二五〕の有名な地図は、雷雨に関する最初の、そしてもっともよく知られた地図の一枚である。

この地図は、雷雨を自然科学の対象とすることに貢献したが、同時に、その魅力的で恐ろしい側面を際立たせ、ときに持続的で、征服する軍隊のように広がっていく大気現象として位置づけた。

さらに暴風雨との違いを挙げると、雷雨は名を持たず、今後も決して持つことはない。最近、暴風雨にならって猛暑にも命名しようとする動きが見られるが、あまりに予測不能で局地的な雷雨に名をつけることはないだろう。名無しの雷雨は、たいてい定冠詞のうしろに置かれて、とかく擬人化されるにもかかわらず〔「ほら、雷雨はもうそこに来ている」〕、その現象を正確に定義することはいつでも困難であったし、それは今も変わっていない。一八〇〇年に、ラマルク〔フランスの博物学者、生物学者、一七四四―一八二九〕も一七八八年七月十三日の雷雨を突風と呼びあらためるように提案したのではなかったか?

［私は］あの雷雨が通過した大半の土地で起こった疾風に、性質からみて、突風の名詞を充てることを提言したい。
厳密な意味での突風は、実際には雷雨と呼ばれる気象現象の変化のひとつにすぎない。すなわち、それは雷雨の一種であり、雷鳴よりも風がはっきりと現れる。その風はもちろん雷雲から起こる。したがって、明らかに「雷雨 orage」の語から派生している名詞「突風 ouragan」は、その適用がもっともふさわしいことをおのずと示すのである。(8)

ル・ロワ〔フランスの物理学者、一七二〇―一八〇〇〕、ビュアシュ、テシエ〔フランスの農学者、医師、一七四一―一八三七〕が作成した報告の補完を科学アカデミーから依頼された、一七八八年七月十三日の雷雨に関する幾人かの報告者も突風の用語を使用している。逆に、「暴風雨」の語はかつて多義的な特徴があったので、エマニュエル・ガルニエが指摘するように、今日は放棄するのが有益であろう。(9) それにともない、一九九九年の「暴風雨」も風力にかんがみて突風とすべきだろう。風力階級が十二に達したら、その大気現象は「突風」の用語で定義されるのだ。突風とは、暴風雨あるいは雷雨なのだろうか？　前述のように、ラマルクは突風を「雷雨と呼ばれる気象現象の変化のひとつ」と定義している。ラマルク以前に、トレヴーの辞典は「雷雨」の見出し語で「突風は、あらゆる雷雨のうちでもっとも強烈である」と書いていなかっただろうか？　現代では、疾風の類型学が存在し、三つの規模を区別する。すなわち、マクロスケール（温帯低気圧）、メソスケール（雷雨）、ミクロスケール（トルネード、竜巻）[10]である。しかし、疾風の名称に関しては、万国共通ではないことがわかる。用語に躊躇すると思われる、強い大気擾乱を分類するのは難しいことを考慮すべきであろうか？ あるいは、ときに科学的、また政治的論争に由来する、その専門用語の歴史に注目すべきだろうか？[11] いずれにせよ、この問題について、ヨーロッパ言語の語彙ははっきりしている。たとえば、英語（thunderstorm/storm）はドイツ語（Gewitter/Sturm）のように、少なくとも言語の面で、「雷雨と暴風雨の」ふたつの現象を明確に区別する。

「雷雨 orage」の語とその使用は、当然ながら、フランス語において段階を追って変化した。古いテクストで見られるような「雨、風、轟音の雷雨[12]」、さらには「稲妻と雹《ひょう》の突風[13]」などと、誰が今後言うだろうか？ 単純にこの語を「暴風雨 tempête」に置きかえられるとまではいえないにしても、ここで指し示すのは、かなり強烈な嵐である。しかし、かつての辞典をみると、恒常的な特徴が明らかになる。一方は雷雨と大気の関係、他方は「初めから」気象に関する意味をともなっている転義である。したがって、『アカデミー・フランセーズ辞典』の第一版（一六九四）は、雷雨を暴風雨の同義語とみなし、「雷雨。暴風雨の同義語。烈風、通常はすぐに止み、ときに風、雹、稲妻、雷鳴をともなう大粒の雨」と定義している。そして、「災厄の危機、国事、個人の運命に突然生じる不幸が比喩的に表現される」と転義の定義がつづく。きわめて論理的に、「暴風雨」は「雷雨、猛烈な風によって引き起こされる激しい大気擾乱で、しばしば雨、雹、稲妻、雷鳴等を併せもつ」と定義される。

本義、転義が一貫しているにもかかわらず、十七世紀、十八世紀の辞典、フュルティエール、トレヴー、『百科全書』では、もっと厄介な雷雨の定義がみられる。雷雨は、まさにかつての暴風雨と同じように定義されている。トレヴーを見てみよう。「雷雨。激しい大気擾乱、しばしばすぐに止む大粒の雨、雹、ときに稲妻と雷鳴をともなう」。その新しい定義において、「大粒の雨」はもはや雷雨と同義ではなく、「しばしば」雷雨を「ともなう」別の大気現象であるとも指摘される。しかし、雷雨の当初の定義（一六九四）は『アカデミー・フランセーズ辞典』の改版にあたっても繰り返され、第八版（一九三二―三五）まで変更はみられない。つまり、雷雨を「通常はすぐに落ちつく大気擾乱で、雨あるいは雹、稲妻、雷鳴をともなう猛烈な風によって現れる」と気象用語で定義している。現在の版（一九九二年からの第九版）では、「一般に雷鳴と大雨をともなう稲妻によって現れる大気擾乱」と明確な定義が見られる。現代的な転義に関しては、『アカデミー・フランセーズ辞典』の第八版から、ようやくロマン主義的な雷雨を認めている。つまり、転義で用いられる雷雨とは、とりわけ「心の平安を乱すことになるもの」とされる。第九版では、旧版でつねにみられた「突然生じる不幸」にもはや言及していない。現在、転義は雷雨の政治的および心理的なコノテーションを集結している。「転義では、心を乱す激しい動揺、ふたりあるいは幾人かのあいだの和を乱し、市民の平和を脅かす衝突を意味する」。

他方で、われわれは語源研究を通じて、良い意味から悪い意味へ、「雷雨 orage」の記号の逆転、変化があったことも知ることができる。トレヴーが「雷雨は天から到来するのだから」ギリシア語で天を表すouranosに由来すると主張したこの語は、実際には、そよ風を表すラテン語のaura、古フランス語のoreを語源とするだろう。用法は暴風へ変化していく。つまり、十三世紀に順風を表したorageは、その対義語の「逆風」[14]に転じたのである。しかし、どのようにして、強烈で災いを及ぼす雷雨は、そこからロマン主義の黎明期に「待望される」ようになるのか？　いかなる聖霊の働きによって、雷雨は願望の対象、美学の対象となったのか？

転換は、理論上、科学が蒙昧主義と呪術的思考に対して優位に立った啓蒙の世紀に起こる。定義に関して、この転換は『百科全書』において明白となり、文法、物理学、詩学の三分野で示されている。この世紀ではよくあることで驚くにあたらないが、定義はトレヴーの辞典にきわめて近い。つまり、雷雨とは「激しい大気擾乱で、雨ときに雹、稲妻そして雷鳴をともなう」ものである。「物理学」の分野では、「発酵fermentations」の特別な概念――それは〔人々の不満の高まりを意味して〕革命前夜の騒乱も明確に示すことになる――に基づき、雷雨とその表われ、変化に関する、この世紀のあらゆる科学の成果を誇示している。この大気現象の美学が明るみになるのは、ジョクール〔フランスの作家、『百科全書』の協力者、一七〇四―七九〕によって執筆された箇所、詩学の雷雨においてであり、以後、それは理性で近づけるものとなる。

詩学において、雷雨は「通常すぐに止む大粒の雨であるが、猛烈な風、ときに雹や稲妻、雷鳴をともなう」とされる。雷雨の美学の領域に属するのは、その先であり、そこではシュトゥルム・ウント・ドラングの端緒や、『劇詩論』（一七五八）におけるディドロのよく知られた名文の反映が認められるだろう。この哲学者は「自然は、なにか甚だしく、残酷で、野蛮なものを欲する」と書いているのだ。雷雨と暴風雨の美学は――というのも、ここではふたつを組み合わせなければならないからであるが――言葉遊びは抜きにして、トムソンの農民を地面に打ち倒す。[15]* ジョクールはトムソンの作品〔長詩『四季』の「秋」〕を次のように紹介している。「読者はおそらくここで、トムソン氏によるイギリス諸島での秋の雷雨の描写を読んで気晴らしをすることに大きな喜びを感じるであろう。それは人間の詩魂、感情に富む描写である」[16]。啓蒙は、呪術的思考を雷雨の美的認識に置きかえたのだろうか？　それはあまりはっきりしていない……。

＊原文では laisser qn sur le carreau の表現が用いられ、carreau には「地面」と「矢」の意味がある。「雷」と「矢」の関係について、注（15）を参照。

薄明期に

暴風雨に対してと同様、雷雨に関する証言は、マルタン・ド・ラ・スディエールが暴風雨クラウスについて使った用語を借りれば「不変の要素」を明かす[17]。それらの要素で挙げられるのは、雷雨との闘いに叙事詩的なスケールをもたらす擬人化や、言葉の最上級の使用である。それぞれの暴風雨は、まるでその衝撃が記憶を失わせるかのように、前の暴風雨を掩蔽する傾向を見せる[18]。今日、証言が被害者の言葉を集成するメディアの特性を表しているとしても、雷雨に関する事情も変わりはない。しかし、ここでは過去の雷雨に関する語り、いわゆる啓蒙の、理性の世紀の語りに注目する。それらの証言や報告は、とくに科学アカデミーに由来するとき、生まれたばかりの科学的言説と、残存する神の怒りを前にした呪術的恐怖のあいだのずれをたしかに表す。われわれはこれらの旧弊な恐怖を信じているが、危険をともなう極端な気候現象は、今日もなお、それらをたえず蘇らせる。すでに十七世紀には、デカルトが雷によって発生する光の現象の正体を明らかにしようと努め、それに論理的説明を見出そうとしていた。そのことは、『気象学』の第七講「暴風雨について、雷について、そして大気中で燃えるほかのあらゆる火について」で読むことができる。矛盾しているのは、理性を明確にしようとしているのに、デカルトがみずからの惑乱した叙述にわれを忘れているようにみえることである。「夜、静穏で晴朗な天候のときに現れ、暇な人々に、空中で戦う亡霊の大群を想像するきっかけを与える光」といった叙述がみられるのだ。デカルトは、最後で次のように結論している。「これらのことは、本講にも後講にもそれほどふさわしいとは思われない。大気中にあって、そのとおりにそこで見えるあらゆるものの説明はここで終えたので、後講では、大気中にないけれどもそこで見えるあらゆるものについて述べるつもりである」(19)……。

啓蒙の世紀の雷雨に関する語りは、科学アカデミー会員によるものであっても、えてして神の怒りの驚異的発現のように述べられる現象をさらに理性的に捉えようとはしていない。その世紀でもっとも特筆すべき雷雨のひとつ、一七八八年七月十三日の雷雨の象徴が担うものは、後述するように、とりわけ強烈であった。この雷雨に限定すると、報告では、誇張して語るうえできわめて有効な、文体のいくつかの恒常的特徴を指摘することができる。

——擬人化。「この作用［風］は、すべてを運び、すべてを支配し、すべてを押し流した。それは渦を巻き、雲を揺り動かし、木々をたわめた［…］。深い谷、山、森、大河を越えた[20]」。「ガラス窓を割って、雹が広間の奥にまで入り込み、粉々になったガラスをまき散らしていた。それで人々は窓に近寄れなかった[21]」。

——受動態の列挙と使用。「何もかも埋められ、ずたずたにされ、荒らされ、根こそぎにされた。屋根が飛ばされ、ガラス窓が割られ、雌牛や羊が命を取られたり、傷つけられた[22]」。

——とくに雹の粒の例でみられる比喩。「雌鶏の卵」、「皮付きアーモンド」、「ヘーゼルナッツ[23]」、「七面鳥の卵」、「機織り工のシャトル[24]」、「つらら状の」あるいは「先の尖った鍾乳石[25]」——これらはすべて農村社会に特徴的なイメージであり、たいていは城主である「学識者」たちがこの農村社会の受益者だった。

雹の粒のいくつかは計測、計量され、「雹が降ったとき、絵画アカデミーに所属していた[26]」ユベール・ロベール［フランスの画家、一七三三—一八〇八］によって描かれもした。しかし、現代ならば、それほど多様な比喩を用いなくてもメディアが競ってわれわれに見せてくれるようなことを、当時は映像がないので、カタストロフィーや悲劇の語彙を用いて、言語が伝えることになった。雷雨の場合の劇的描写はつねに、間違いなく、暴風雨の場合よりも「現況の」報告になるからである。しかし、現在は権威ある科学者を通じて伝達されるよりもメディアによって伝えられることが多い、こうした言説を、アンシャン・レジーム期の社会の文学的指示対象と関係づけることはできないだろう。トゥルネー〔ベルギー南西部の都市〕の司教座聖堂参事会員の手紙は、そのような理由で、聖書に由来する黙示録の言説と、悲劇や科学技術、物理学、さらには医学の語彙のあいだの興味深い諸説混合を示唆する。

激しい恐怖とともに、あの雲でかげった空の側へ目を向けた瞬間、私は東の方向に位置する平原で小さな竜巻のようなものが立ちのぼるのを見た。それは、水しぶきになって驟雨の粒子を振りまき、詰物抜き機の旋回やウォームの類を模倣しているようであった。この大気の変動——もしそのように言ってよければ——が私の進む道にまで到達することを恐れて、私はあと二、三百歩というところまで近づいていた、わが農村へ急いで向かった[27]。

雷雨の知覚に関して、啓蒙の世紀はどの世紀よりも「薄明期に」、科学的合理性と宗教ならびに美の魅惑との狭間におかれている。エマニュエル・ル＝ロワ＝ラデュリが『気候の歴史』からすでに示していた「周期狂」[28]は、啓蒙の世紀において明白な、その曖昧さの特徴のひとつを表している。一七八八年七月十三日の雷雨の報告者は、雷雨がある周期性にしたがって繰り返されていると指摘する。「ここでわれわれは、報告したばかりの三つの雷雨と、本論文が対象としている雷雨が、二世紀ごとに発生していることを指摘しておく。すなわち、一一八六年に一回、一三六〇年に一回、一五九三年に一回、そして一七八八年に最近の雷雨が発生し、五月に一回、六月と七月に二回と、これらの世紀のほぼ同時期に起きているのである」[29]。

雷雨に関して推測された周期性は、それがもっぱら気候的事象のように（雷雨は春よりも夏に多い）、あるいは逆に、残存する呪術的信仰の影響と同じように見なされうるときには、算術計算の問題であるように思われる。ファビアン・ロシェは、周期性の研究に基づいたアプローチ、啓蒙の世紀とその次世紀でもきわめて顕著であったアプローチが、ニュートン力学の成功によって説明されえたことを示した[30]。しかし、全数調査やひと続きの気象期間を検討することは、中世ですでに行われていた「悪天候の集成」[31]の伝統に組み込まれる。その実践は、啓蒙の世紀にきわめて活発となる。たとえば、それはブリュッセル・アカデミー会員のテオドール・オーギュスタン・マンの著作でもみられ、彼の『大結氷期とその影響』は「大結氷期の周期的反復と地球の寒冷の度合いにみる漸次的変化について、信じるべきことを究明しようとしており」、最近ミュリエル・コラールによって再校訂された。検討調査の原則が、マンを（火成論とデカルト的な概念による「融解金属」の燃焼を理由に）気候の再温暖化という結論に至らせる一方で、反復という概念は、逆に、モンテスキューが原因／結果の論理的秩序を立て直すうえでの論拠として役立った。ジャン＝パトリス・クルトワが説明するように[32]、一七二七年十月十四日にナポリで発生した雷雨の『記録集』における言及は、この思想家に、古代ギリシア・ローマから有効な論理、「すべては関係づけられるという全体論の思想」に基づく論理の反転を可能にしている。モンテスキューは、とりわけ天変地異に先立つ雷雨の頻発によって特徴づけられる、正確な天体予測のとおりに地震は発生しないと言う。雷雨は反対に、前述のナポリの例がよく表すとおり、地震に後続するのである。

その後、啓蒙主義とロマン主義のあいだで、ゲーテの輝かしい肖像も「薄明期に」、すなわち科学と空想的なことのあいだにあるように思われる。『若きウェルテルの悩み』(一七七四)のゲーテは、シュトゥルム・ウント・ドラング期のゲーテであるということだ。小説のなかで、ウェルテルは現実の雷雨が起こるまえに、電撃的なダンスをしてシャルロッテに覚えた「稲妻〔一目惚れ〕」について語る。ウェルテルは次のように書く。「自分の身がこれほど軽やかに動くと感じたことはなかった。私はもはや人間ではなかった。このうえなく愛らしい女性を腕に抱いている! 彼女とともに雷雨のように飛びまわる! あたりの何もかもが消え去る! この気持ちをわかってくれるだろう[33]!」そのとき、本物の雷雨が起こる。

かなり前から地平線に雷光が閃くのが見えていて、私はずっと暑さのせいの稲光と見なしていたのだが、ダンスがまだ終わらないうちにそれはかなり激しくなりはじめ、雷鳴によって音楽もかき消された。三人の女性が列から抜け、相手の男性も彼女たちに続いた。誰もが騒ぎだし、演奏が止まった[34]。

『科学的精神の形成』（一九三八）において、バシュラールはこの場面に「自然科学以前」の特徴をみる。彼は次のように書く。

このような挿話を現代小説に加えることはできないように思われる。多くの子供じみた話を積みかさねても、今日では非現実的にみえてしまう。今や、雷鳴の恐怖は抑えられている。その恐怖が影響を及ぼすのは、せいぜい孤独に置かれたときくらいだ。社会的に、雷鳴に関する学説はまったく合理的に捉えられているので、集まりを混乱させることなどできないのである。(35)

この実証主義の分析のみに留めることはできないだろう。たしかに、少しのちに「ロマン主義的なものは病的である」と呼ぶようになるゲーテは、一八二〇年代にはかなり違った仕方で、気象学に取りかかることになる。ハワード〔イギリスの気象学者、一七七二―一八六四〕の雲の分類に関心をもち、彼自身も『気象学試論』を発表するのだ。つまり、雷雨を前にしたゲーテは、啓蒙主義とロマン主義のあいだの特徴的なふたつの立場の象徴とみなすことができる。一方は実存的かつ審美的な立場（シュトゥルム・ウント・ドラングとオシアン風の詩の立場で、雷雨が内面の混乱や世界との断絶を語る）、もう一方は自然現象を理解しようとする科学的な立場である。じつは、そこに矛盾はない。ゲーテが『若きウェルテルの悩み』とのあいだに距離を置いたのは、もちろん主人公の「子供じみた話」を告発するためではない。クロード・レシュレールは、ゲーテが一七七九年に著し、『若きウェルテルの悩み』から二〇年以上経つ一七九六年に出版した『スイスだより』の一通を綿密に分析し、「気象現象が情動に及ぼす影響[36]」が、同じ現象の、正確な、いわゆる科学的研究とどのように結びついているのかを詳説した。啓蒙の時代における「雷雨への情熱[37]」がわれわれに表すのは、どちらかといえば、人間が天と地を奪取するために神から離れたということなのである。

雷雨に対する美の魅惑は、次世紀初頭において、ラマルクの気象に関するテクストでもみられるように、現象を科学的に理解しようとする欲求と相容れないわけではない。『革命暦第十三年の気象年鑑』（一八〇五）の冒頭に来る「空の光景」で、ラマルクは抒情的な一ページを霧状雲と晴天の美への感嘆からはじめている。以下は、神のあらゆる存在から解き放たれ、理性による解釈と同延の美的観察の場を開けひろげた空である。ラマルクは次のように続ける。

空の光景がその美しさによってであれ、その壮麗さによってであれ、そのとき興味を引くものであれば、私はそれを、猛烈な雷雨と暴風雨の恐ろしい現象においても、しきりに空がわれわれに表す雨や雪のどんよりした日々においても、われわれの関心、感嘆、検討に十分値するものとみなす[38]。

「雷雨に対する科学的な傾向[39]」、雷雨への欲求がある。それはたとえば、モン・ブランに関して優れた学術調査を行ったオラス゠ベネディクト・ド・ソシュール〔スイスの自然科学者、一七四〇―九九〕

の著作においても見いだされる。彼は「雨、風、雷雨のような、さまざまな大気現象の起こりを観察する」ために、一七八八年六月にジュアン峠の登山を開始する。彼は満ち足りた幸福感を味わう。「私は美しい雷雨を見たいと願っていた。そして、満足した。雷鳴、雹、雪、あられ、すべてを同時にたっぷりと見ることができた」[40]……。

待望の雷雨

シャトーブリアンの『ルネ』(一八〇二)よりもずっと前に、すなわちロマン主義よりもかなり前に、それがフランスに先がけてドイツであったとしても、雷雨は——暴風雨のように——美の主題となっている。雷雨への関心が、バーク[41]やカント[42]によって理論づけられた崇高の領域に属すると言うだけでは不十分である。なぜ、どのようにして、雷雨の美学は可能となったのか? 雷雨はなぜ「美しく」、「待望される」ようになったのか?

古典主義、ついでロマン主義の時代の絵画と文学にみる雷雨の表象は、暴風雨の表象と同様に、ルクレティウスの「心地よき大海[43]」の流れを汲む。雷雨は、啓蒙の時代の海洋画、ヴェルネ〔フランスの画家、一七一四—八九〕やラウザーバーグ(そのときは嵐となるが)の海洋画で見られる。また、一世紀前にさかのぼると、陸地での雷雨を扱った作品としては、ニコラ・プーサン〔フランスの画家、一五九四—一六六五〕の《雷雨、雷に打たれた木の風景》(一六五一)がある(口絵13参照)。このプーサンのタブローにおいて、われわれはしっかりと大地の上で人間のなかで生きており、神の怒りとも関わりはない。タブローのなかで表される主体は牛車を引く牧者で、彼は明らかに恐怖を抱いているのだが、距離を保ってある視点から眺める観者はその恐怖を感じることが免じられている[44]。『ポールとヴィルジニー』〔ベルナルダン・ド・サン＝ピエールの小説、一七八八〕において、一七四四年十二月二十四日の突風で起きた暴風雨のさなかにサン・ジェラン号が難船する話でも、同じ原則がとられている。

午前九時頃、海の方から恐ろしい音が聞こえ、まるで土石流が轟音を立てて山頂から流れてきたかのようであった。全員が「突風だ！」と叫び、あっという間に猛烈な旋風が琥珀島と海峡を覆っていた霧を吹きはらった。サン・ジェラン号の様子が露わになり、ひとで溢れているデッキ、上甲板に下ろされたヤードやトップマスト、半旗、船首に四本の錨鎖、船尾に一本の支索がみえた[45]。

この光景は、浜辺からドマングとポールによって目撃され、ハンス・ブルーメンベルク〔ドイツの哲学者、一九二〇―一九六〕によって分析された「観者のいる難船」の典型的な例となっている[46]。しかし、ルクレティウス的な紋切り型よりも先に行かねばならない。「規模を変え、あるいは少なくとも天変地異の全景から、より限定された個々の美の知覚の景色へ移って、突風は完全にその意味を変えた。恐怖の対象から、それは喜びの対象になったのである」[47]。ジャン＝ミシェル・ラコーは、突風の話のなかに「不調和の調和」のしるしを見てとる。「不調和の調和」はベルナルダンにとって重要な美の規範であり、『ポールとヴィルジニー』において性に目覚める主体と荒れ狂って絶頂に達した激発を経験する自然とのあいだの対立の土台とされ、その対立は、結局のところ、調和のとれたものとなっている。ベルナルダンの世界が「自然の調和」を讃えているとしても、それは主体の尺度で判断されるものであり、世界はまさに主体のためにタブローを織りなす。絵画と文学の類似性は、『自然の研究』の作者の著作でしばしば強調された。美は、神とその導きである摂理が人間に与える驚異的な世界へと主体を組み入れる、ひとつの方法なのである。

しかし、雷雨とともにあって、世界は大混乱に陥るようにみえる。そこで、雷雨を表象するとは、自然を前にした人間の恐怖を遠くに置く、fort-da《フォルト・ダー》の運動〔S・フロイトの『快感原則の彼岸』（一九二〇）で説明される遊戯〕で雷雨をコントロールし、恐怖をうまく制御することになる。それは、啓蒙の時代の崇高と関わっているように思われることだ。つまり、バークが分析した歓喜は、まさに自然の途方もなく極端な状態にさらされた主体によって体験されるものなのである。ここでは、いかなる主体が問題となるのだろうか？　ダニエル・アラスは「タブローにおける」[48]主体の心的力域の全潜在性に狙いをつけた。タブローは、つねに芸術家――主体――が彼の「主体」をわが物とする方法を明かす。雷雨とともに、現前化した主体はその極に運ばれる。画家ピエール＝アンリ・ド・ヴァランシエンヌの表現にならうと、雷雨を表象するとは、芸術家の主体性と彼が表明する「自然の危機」のあいだの不安定な境界を演出することなのである。

それ［雷雨］は、多かれ少なかれ激しくなると、多少とも荘厳ですさまじい現象を表し、不安と激しい恐怖を広げ、しばしば破壊と痛ましい災禍をもたらす。それらを見つめる芸術家は、身震いせずに感嘆することなどほぼ不可能である光景の崇高な場面を研究するうえで彼の感性が自分の妨げとならないように、大いに苦労しなくてはならない[49]。

その後、暴風雨に襲われた船のマストに縛りつけてもらい、危険を顧みず、嵐のなかに身を投じたターナー〔イギリスの画家、一七七五―一八五一〕[50]が、さらに一歩先を進むことになる。しかし、何の得のために！　感情、保証された「効果」のためである。効果は、啓蒙の時代の絵画の主要な価値で、まさに画家と観者の二つの主観を結ぶものである。画家のヴァトレ〔一七一八―一八六〕は『百科全書』に「効果とは、芸術のさまざまな部分の交差である。それは、作品を見るひとの精神に、制作中の画家が浸っていた感情をかきたてる[51]」と書いている。

雷雨の表象は、それ以降、人間に身近な空の表象となる。大気現象は、「万物が流転する」世界としてアリストテレスが示した、月より下の地上界に属するだけではない〔アリストテレスは、天上界と地上界による二元的な宇宙像を考え、月の軌道より下の世界をわれわれの地上界とみなしていた〕。雷雨は雷と結びついているので、さらに多くを要求するのである。プロメテウス的な画家は神の属性を奪取し、デミウルゴスに変貌する。画家のクロード＝ジョゼフ・ヴェルネについて熱狂的な賞賛をする、ディドロの有名な文が想起される。

ヴェルネこそが雷雨を結集させ、天の水門を開き、大地を水浸しにすることができる。望むときに暴風雨を消散させ、海を穏やかにし、空を平静にすることができるのも彼である。そのとき、自然全体が、混沌とした状態から脱し、魅惑的なやり方で輝く。自然がその最高の魅力を取り戻すのである。(52)

もうひとりの画家ならびに舞台装置家のフィリップ・ジェイムズ・ド・ラウザーバーグが搭乗した、素晴らしい機械も思い起こされる。彼は、一七八〇年代にエイドフュージコン（「自然の光景」）でロンドンの観客たちを魅了した。そこで機械によって動く風景を見せ、自然における大気の変化、日の出と日没、雷雨と暴風雨を再現したのだ（口絵14参照）。

アラン・コルバンが詳説したように、雷雨とその表象によって引き起こされる喜びが、十八世紀以降、新たな場、すなわち海(53)、およびその少しのちの山の発見に結びついているのは疑いない。山中の雷雨は、終わりを迎えつつある啓蒙の時代とロマン主義のもうひとつの紋切り型となった。「ロマン主義の芸術家は、それまで恐るべきものとみなされていたものを理想美にかなったものとしたのである(54)」。

どのようにして？　なぜ？　『新エロイーズ』のヴァレ地方に関する手紙は、山の表象を持続的に形成したであろう。雷雨は、雲と同じように、山で異常な大気と結びつき、そこから発散されなくてはならない。雲海の上にいる旅人のサン＝プルーは「より晴朗な、この地の高みまでのぼった。時季になると、そこから、自分よりも下方で雷鳴や雷雨が発生するのが見えるのだ」。雷雨は、カスパー・ヴォルフ〔スイスの画家、一七三五―八三〕の作品によって、より地上に近づいたものになる。[55] その後、ロマン主義の時代には、雷雨に遭遇する旅人――ラウザーバーグ[56]やターナーが描くような旅人――が見られるようになる。雷雨、あるいは暴風雨である。有名な《一八二九年一月二十二日、（馬車による）イタリアからの帰路、タラール山で吹雪に遭う旅人たち》を想起しよう。いずれもピエール・ヴァットがターナーに関して「旅行の場面にみる天変地異の風景」[57]と特定したジャンルの代表例である。

《アルプスを越えるハンニバル》（一八一二）に少し注目してみよう。そのフルタイトルは《吹雪、アルプスを越えるハンニバルとその軍勢》である（口絵15参照）。雷雨、それともブリザードだろうか？　いずれにしても、「吹雪 snowstorm」がその主題である。ターナーとともに歴史画は風景画になると言われたが、より正確にいえば、「風景も歴史の場なのである」[58]。ターナーとともに、雷雨は主体形成の崇高な場となる。しかし、雷雨の光景には、観者を主観性から脱却させる傾向もある。それが、少し遅れてターナーの賛美者となり、科学と芸術を結びつけた偉人、すなわちラスキンが経験したことである。ラスキンはここにいたり、ブレヴァン峰の泉で雪崩をともなった実際の雷雨

ピエール＝アンリ・ド・ヴァランシエンヌ
《雷雨を逃れるアイネイアスとディド》(1792年)

を目のあたりにして覚えた感覚を思い起こす。
　次々と、おのおのがピラミッド状の山頂を現し、力強い山脈は雪の帳《とばり》を払って、その激しく燃えるような、一切の影も闇もない輝きを取り戻した。凍りついた鋭峰、雪のドーム、岩の塊、すべてが岩々に差し入る夕日の光のなかで火色に染まり、氷河のプリズムを貫いていた。光がそれを雲のなかですするように。さらに下方で、雷雨がその混乱のなかで重くとどろき、山林は呻き、夕暮れの風のなかで揺れ動いていた。谷間では、流れが激しくなった川が輝きを見せながらひたひたと音を立てていた［…］。私はこのとき、それまでは決して知ることがなかった「美」という語の本当の意味を知った。私がそれまでに見てきたあらゆるものに基づき、力の行使や人間の精神活動など人間性に関連するさまざまな思想がそこで結びついていた。神に由来すると信じられている光景において、自我の光景がそこで消えることはなかった。(59)

自然と人間の、主体と客体の、自我と神の合一。文学と絵画の合一でもある。そう、ロマン主義の時代に成し遂げられた合一である。

しかし、絵画におけるジャンルとヒエラルキーの変化は、十八世紀末から明らかにみられた。ターナーの《ハンニバル》以前に制作され、ポワティエのサント＝クロワ美術館が所蔵する、ピエール＝アンリ・ド・ヴァランシエンヌの美しいタブロー《雷雨を逃れるアイネイアスとディド》を見てみよう。風と水の自然の力は、人物、それも古代ギリシア・ローマの指示対象に対して優位に立っている。フランス革命のさなか（一七九二）に展示されたその作品は、革命の寓意画ではない。しかし、革命からほどなく、ヴァランシエンヌはヴェスヴィオ山の噴火も描くことになる。当時のヨーロッパが経験していた動乱を無意識的に描いたのだろうか？　たしかに、火山、雷雨、暴風雨は革命の重要なメタファーである。(60)　革命の大動乱〔雷雨〕は、われわれの歴史に不可欠な一段階なのだ。

革命の大動乱

雷雨や暴風雨は、政治的、社会的混乱を表すために、古くからよく用いられるメタファーである。たとえば十六世紀の宗教戦争中、ジャン・ボダン〔フランスの経済学者、法学者、一五三〇―九六〕の著作や詩人らの作品で、これらのメタファーが出てくる。たいていの場合、雷雨と暴風雨は、もうひとつの原初のメタファーを展開する。暴風雨に遭遇した船のメタファーである。「激しい雷雨がわれわれの共和国の船を揺さぶった」[61]。――「苦しみ tourment」は、文字どおり tormentum、「責め苦 torture」である。われわれは「市民の大動乱=雷雨」[62]のただ中にいる。雷雨のイメージは、クロード・ラ・シャリテがルネサンス期の科学的精神を持つ詩人に関して説明するように、「世界の混乱」と世界の支配者の力を同時に語ることを可能にする。というのも、国王は世界と政治の秩序の保証人であり、ローマ帝国の継承者である「世界の支配者」の顔を保持するからである。

フランス革命では状況が異なる。世界の支配者など、まっぴらだ！　フランス、さらにヨーロッパの面から検討された天候に対する感性の歴史は、近代民主主義を形成して世界と新しい関係を作りあげた、この時期を抜きにして済ますことはできないだろう。現実と表象という鏡の二面で、雷雨がそれを照らすからである。たしかに、一七八九年のフランス革命に関して、現実の、または比喩上の雷雨は、ルネサンス期にバイフが「第一の流星」〔ジャン=アントワーヌ・ド・バイフが一五六七年に発表した『流星』への言及〕と呼んでいたものである。しかし、「新しい太陽の曙光」（ゲーテ）や歴史の「闇」の入口（シャトーブリアン）を告げるとする、その象徴的な意味合いは完全に新しいものである。

気象学的に言えば、革命当時はたしかに雷雨が多い。エマニュエル・ル＝ロワ＝ラデュリの全著作は、とりわけイル＝ド＝フランスとノール県に関して、一七八八年春の異常な暑さ、穀物の日照り焼けの被害とそれにつづく不作による経済恐慌を引き起こした一七八八年七月十三日の雹を明らかにしている。実際に、地理的変化や変動を考えると、一七八八年は一年を通じてとくに気温が高かった。「農業気象」の予測のつかない変化は、アンシャン・レジーム期の農業の場合、間違いなく食糧暴動の大部分を説明づける。暴動は一七八八年夏以降、月を追うごとに増えている(63)。あらためて、この革命前年の七月十三日の雹をともなった雷雨に注目してみよう。それが「一触即発の」危機の状況に影響を及ぼしたことは明らかである。しかし、言うまでもなく、この雷雨によって「行為への移行」を裏づけることは不可能で、ル＝ロワ＝ラデュリが明言するとおり、より全般的に気象状況を一七八九年七月十四日の事件の誘因として説明することもできない。反対に強調しなくてはならないのは、事件そのもの以前に雷雨が担っていた象徴の重みである。科学アカデミーのメンバーならびに通信会員によって書かれた、一七八八年七月十三日の雷雨に関する論文には、すでに見たように、雷雨の全報告に共通する文体論的特徴がみられる。さらに気になるのは、事後性*で、フランス革命の歴史家のテクストにおいては、それらと同じエクリチュールの特徴が見出されるのだ。「大動乱＝雷雨」と「フランス革命」は同じ言語で意を伝えている。すなわち、かつての風景が、とてつもなく強烈な、自律的な力によって荒廃していくのである。そもそも、一七八七年から、ある人々は将来の雷雨を直観している。たとえば、マルゼルブ〔フランスの政治家、一七二一―九四〕である。

＊フロイトの用語で、ある外傷的体験による印象や痕跡が、あとになって意味を与えられ、心的効果を発揮するようになること。

私には目の前の危機が見える。いずれ、あらゆる王権を以てしても静められず、王の人生全体に苦しみを広げ、彼の王国をいつ止むとも知れぬ動乱に陥れる雷雨が発生するのが見えるのだ。(64)

一七八九年のさなか、ベルナルダン・ド・サン＝ピエールは、革命の大動乱から離れて隠遁していた田舎で『ある孤独者の願い』を執筆する。そのなかで、彼は庭でまだ目につく、前年七月十三日の雹による大被害と「フランスの革命」を明瞭に対比している。

それゆえ、私は、昨年フランスを荒らした天変地異を思いつつ、それに付随した――まるでありとあらゆる災難が次々と続くかのような――国家の変動を考えた。われわれの備蓄を確保していないのに穀物の輸出を認めた、軽率な王令を思い出した。この国家破産はわれわれの身に迫り、同時にこの雹を降らせる恐ろしい雲はわれわれの田畑を横切っていたのである。われわれの果樹の多くがあの厳冬で被害を受けたように、この国の完全な財政破綻は商業に関わる多くの分野を壊滅させた。あの無数の貧しい労働者は、多くの災禍が重なり、同国人からの救援もなく、極貧、寒さ、飢えで、ついには命を落としてしまっただろう(65)。

一七八九年七月のフランスを経験したアメリカの旅人アーサー・ヤングは、そのペンで現象がもたらした破壊、空白、自律のイメージを「図らずも」浮かびあがらせている。

これが魔法によるかのように行われた革命である。平民の力をのぞいて、あらゆる権力が王国内で打ち砕かれた。もはや見るべきものといえば、これほど見事に消えていった大建造物に代わるものを再建すべく、人々がどのような建築家を生みだすのかということのみである(66)。

もちろん、革命の大動乱という魔法や驚異は、ミシュレが著作で七月十四日における「人々の一体性」を想起するときには異なる響きとなる。雷雨は、とくに十四日以前の日々における著しい緊張、バスティーユ奪取が解くことになる緊張を物語るのである。

六月二十三日から七月十二日まで、王の脅威から民衆の怒りの爆発まで、奇妙な休止があった。ある観察者によると、それは雷雨になりそうな、重く、陰鬱な天気で、幻想と錯乱に満ちた、不安で耐えがたい夢のようだった。[67]

ミシュレが『フランス革命史』の第一巻を刊行するのは、事件から五〇年以上を経た一八四七年である。オリヴィエ・リッツの主要論文は、まさに本物の雨によって台無しとなった一七九〇年七月十四日の連盟祭の話から、より早期の事後性における雷雨のイメージの毀誉褒貶を説明した。テクストや証言、あるいは詩の緻密な分析は、それぞれの作者の見方によって、雷雨が異なる響きとなることを示している。つまり、あるときは「空の特徴が」フランス革命へ向けられた神の反対を意味し、あるときは雨が――というのも、雷雨よりも身を切るように冷たい驟雨に相当していたであろうから――天の専横に打ち勝った民衆の力に抵抗する、取るに足らない敵対者のように表されるのである。

見物人はやはり生き生きとしていた。ただ、彼らは少々貴族を恨んでいた。そして、貴族が長きにわたって重ねた不正は雨と大いに関わっており、その雨が自分たちの楽しみの邪魔をすると確信しているようであった。九日間祈禱をしたと言う人々もいれば、こうした驟雨を貴族たちの涙と呼ぶ人々もいた。ついに、民衆は空に対して怒りをぶつけ、お天道様は貴族政治主義なのだと言っていた。[68]

オリヴィエ・リッツが説明を加えているように、「フランス革命の初期の歴史家」の著作において、雷雨のメタファーは、さらには暴風雨のメタファーも、新しい意味を担う。暴風雨はそのとき動乱期の長さに関する熟考をもたらす。「いつ、動乱の嵐は収まるのだろう？」そして、歴史記述をめぐる状況に関しても思考させる。「動乱の嵐のさなかに書くことなどできるのだろうか？」証言を望むひとには可能である。感情の赴くまま筆を走らせるひとには可能である。しかし、『革命試論』の作者にとって、この「暴風雨」はいつまでも収まらないように思われる。シャトーブリアンが一七九四年から取り組んだこの著作は、一七九七年に初版が、ついで一八二六年に序文と注を付した新版が刊行された。旧大陸はどんどん遠のいて過去となり、歴史は暴風雨に巻き込まれた主観性へ突入する。そこでは、「時 tempus」に由来する語源が見出される。

私は『革命試論』を一七九四年に書きはじめ、それは一七九七年に刊行された。昼間に粗描した光景を夜に削除しなくてはならないことが度々あった。情勢は私の筆よりも早く変化していたのである。革命が突発し、それは私のどんな比喩も誤りとしてしまった。つまり、私は暴風雨のさなか、一艘の船の上で書き続けていたのだ。そして、たちまち跡形もなく消えうせる岸を変化しないものとして描けると思い込んでいた。舷に沿って岸は消え、沈んでいった！(69)

どう見ても、フランス革命のメタファーとみなされる暴風雨は、雷雨と異なる象徴的な力を与えられているように思える。雷雨は、唐突で、激しく、範囲を限定され、短時間である。暴風雨は、持続しながら拡大し、対象となる地理的空間もより広域になりうる。時間という視点で見れば、雷雨と暴風雨のあいだには、時制で点を表す単純過去と未完了相の価値をもつ半過去との違いと同様のものが存在するのだ。暴風雨はどちらかといえば事後性の、雷雨は「即時」のメタファーである。言語による象徴ということだ！ メタファーの使用において、気象の差異が見出される。われわれは、ラマルクが一八〇〇年に学士院で発表した論文『暴風雨と雷雨、突風等の違いについて。ならびに革命暦第九年ブリュメール十八日の風がもたらした災害の特徴について……』に触れた。彼はそのなかで一七八八年七月十三日の雷雨から一八〇〇年十一月九日の暴風雨までを比較している。この比較にフランスが経験したばかりのふたつの重大な政治的事件に関わる無意識的記述を認めることは、語の隠喩的潜在性を誇張することになるだろうか？[70] 暴風雨のように予測可能なメタファーが敷衍されるならば、おそらく、革命暦第九年（一八〇〇年）ブリュメール十八日／一七九九年十一月九日、別名ブリュメール十八日、ナポレオン一世のクーデターは、鏡の像のように左右反対の、一七八八年七月十三日／一七八九年七月十四日に相当するだろう。

この最近の現象は、雷雨のように突然、不意を襲うことは決してない。それは、一地方内ではなく、狭い帯状の地帯に沿ってのみ広がる。しかし、それは特定されえない境界において、遠方まで、広範囲にわたって影響を及ぼす。[71]

慎重に、われわれの論を終えることにしよう。

新しい電気の地平、電撃的情熱

引きつづき年代順に見ると、必然的に、電気と雷によって生み出される現象に出会う。歴史をひもとくと、またもや啓蒙の時代にその起点が見出されるが、デュボワの言い方に倣い、いみじくも「電気狂に取りつかれた」時代と呼ばれている。[72] ベルトロン神父の著作『空中電気論』(一七八七)は、他書と同様に、プリニウスやほかの古代の作家の奇妙な報告を、とりわけ「[雷光などの]発光現象」を扱った章のなかで繰り返す。しかし、雷と電気の関係を明らかにするのは、先駆者のひとりであった、ノレ神父(『物体電気試論』一七四六)である。とくにベンジャミン・フランクリンの登場と避雷針の発明(一七五二)後、電気の情熱は良家の人々の心をとらえ、フランクリンの影響を受けて「電気の夕べ」[73]が催される。『科学的精神の形成』[74]において、バシュラールはそれらの社交上の逸話のいくつかを伝え、啓蒙の時代の科学者の経験や著作にみられる「自然科学以前」の特徴を明らかにする。おおむね彼は、科学的認識に対する数多くの障害を列挙している。すなわち「最初の経験の」、「実体論の」、「アニミズムの」障害である。バシュラールにしたがうと、大部分は、啓蒙の時代と古典時代の雷鳴と雷電に関する学術論文のなかで顕著に現れる。電気は、もっぱら呪術と自然現象の関係を強調するのだ。しかし、この関係は、実証主義をもって終わりを告げるのではないのか？むしろその逆である。

カミーユ・フラマリオンの啞然とさせる著作に少し注目してみよう。フラマリオンは、天文学者で科学ジャーナリスト、そして……現実的な実証主義者、かつ交霊術の信奉者である——十九世紀末において、交霊術の実践は必ずしも科学と相反するわけではなかったのだ。ファビアン・ロシェは『科学者と暴風雨』のなかで、気象学を大衆的な学問とすることに貢献したカミーユ・フラマリオンの「合理的で感覚的でもある」[75]ユニークな人物像を明らかにした。ジョルジュ・ディディ＝ユベルマンが再校訂した『雷の急変』（一九〇五）は、雷雨と雷が、実証的な世紀のさなかにあっても、もっとも……「驚くべき étonnant」幻想の対象であることを指摘する——形容詞あるいは過去分詞で、この語は報告例の話において頻出する（修辞学者はポリプトートと言うだろう[76]。「驚き étonnement」は文字どおり「雷 tonnerre」の産物ではないか？*）。「実証的な事実は、著作の十章全体を通じて、驚異の出来事になった——そして、そうあり続けるだろう[77]」。雷の効果は、そのなかで、報告や写真を根拠とし、事実として述べられている。

＊ étonnement は「落雷する frapper du tonnerre」を意味する古典ラテン語 adtonare から変化した口語ラテン語 extonare を語源とする、フランス語の動詞 étonner の派生語である。

この報告について言えば、カミーユ・フラマリオンは、科学アカデミーの論文や同時代の論説[78]といった学術的なテクストと同程度に、学術的またはそのように見なされる論文でとかく繰り返される雑多な証言にも依拠している。実際に驚くべき混交で、それがまさに魅力的なテクストを生み出しているのだ。雷は、科学アカデミーの論文で雷雨がそうであるように、つねに擬人化され、あるときは「気まぐれな」[79]女性のように、あるときは「電気の槍」や侵入者のように、たいていは電気の、または「とらえにくい」、「流体」のように表される。テクストは幻想のエロチシズムを展開し、ジュリエットやジュスティーヌの物語、『美徳の不幸』などで読まれ、ジュヌヴィエーヴ・グビエ＝ロベールによって分析された、[80]加虐的なサドの途方もない描写と似たり寄ったりである。サドを見よう。

エッフェル塔に迫る雷雨（1902年）

雷は右の乳房から入って、胸を焦がし、口から抜け出たので、彼女の顔はぞっとするほど醜く変貌していた。[81]

フランス革命のさなかにサドの読者であったと考えられる、スパランツァーニ神父を検討しよう。

流星が若い娘のペチコートのなかに入り込んだ瞬間、ペチコートは開いた傘のように広がった。彼女は仰向けに倒れた。ふたりの立会人が彼女を助けるために駆けよった。羊飼いの少女に痛みはまったくなかった！　医学的所見によれば、娘の身体上で認められたのは、右膝から乳房のあいだの胸部の中心まで広がる軽い糜爛《びらん》のみであった。まさにその部分の下着はずたずたになっていた。そして、彼女のコルセットを貫通した小さな穴が見つかった。(82)

衰退しつつある啓蒙の時代のサド的な幻想と、サルペトリエール病院で示されたシャルコー〔フランスの精神医学者、一八二五―九三〕のヒステリー患者のエロチックな幻想が、電撃の想像領域を通して交差する。

さらに仰天するのは、雷が死傷者の身体、感電した物やひとの周辺の事物に残したという痕跡、カミーユ・フラマリオンにとって最新の発明という、写真のネガに匹敵する「電撃のイメージ」である。ここでは、語りにみられる多くの疑わしいしるしに注目すべきだろう。わざと複雑に叙述し、学識者たちから成る証言に依拠することで保証を得ようとする事実の出所は曖昧になっている。

アラゴは、一七八六年にパリの科学アカデミーのメンバーであったル・ロワがフランクリンから何度も繰り返し聞いたと明言していたことを思い出させた。それは、雷雨のさなか、戸口にいたひとりの男が、向かいの木に雷が落ちたのを目撃し、感電した人間の胸にその木の「転写刷り」が残されていたという話だった[83]。

あるいは、報告された場面の聖なる指示対象（なんと多くの教会における雷撃の場面があることか！）と学術用語の使用（「雷学 céraunographie」や「雷光 rayons céerauniques」といった、いずれもギリシア語の「雷 keraunos」に由来する仰々しい新語）のあいだの混信もある。

ディディ゠ユベルマンが、カミーユ・フラマリオンからジュール・ヴェルヌまでのこうした一節を比較するのはもっともである。大衆文学は、とかく電撃の想像領域を、あるいはただ単純に雷雨や暴風雨が抱かせる恐怖を最大限に利用する。十九世紀末に書かれた『暴風雨の恐怖[84]』〔サン゠シャルル作〕は、同様の着想を生かし、学問的な証言への依拠と、宗教的なものや不可思議なものへの関心を結びつけている。現在は、映画が同様の役割を果たしているが、奇妙な諸説混合と出会うのは、文学的想像の方からであろう。その雷雨に関する短い物語全体を通して、科学と幻想、実証的記録と極端な主観性のあいだで、この諸説混合は続き、それが含まれた詩情は文体にはっきりと現れる。ジャン・エシュノーズによる『稲妻』の冒頭を考えてみよう。エシュノーズは、彼らしい方法で、技術者ニコラ・テスラ〔米国の電気工学者、一八五六―一九四三〕の生涯を物語る。テスラの特許の多くはエジソンにかすめ取られた。シャトーブリアンは暴風雨が降りしきるなかで誕生したが、テスラ〔「グレゴール」〔テスラをモデルとした『稲妻』の主人公の名〕〕は「当然」雷雨のさなかに生まれる。

最初に、彼が母親から取りあげられる数分前、屋敷で誰もが慌ただしくしているとき——執事は叫び、従僕たちは衝突し、女中たちは上を下への大騒ぎとなり、産婆たちは口論し、産婦はうめき声を出している——猛烈な雷雨が起こった。雹をともなう大雨は、まるで静寂を強いるように、変化のない、表面上は静かな、囁くようでいて高圧的な轟音を立て、切り裂く風の動きによって様子を変化させる。次にいよいよ、通り抜ける抗し難い風が、この家をひっくり返そうとする。それには至らないものの、鎧戸が開いている窓を押し破り、窓ガラスは割れ、木枠組みはガタガタと音を立て、カーテンは天井まで舞いあがったり、外へ吸いあげられる。風は場を占拠し、室内を滅茶苦茶にして雨で水浸しにする。あらゆるものをめまぐるしく移動させ、絨毯を持ち上げて家具を勢いよく倒し、暖炉の上の置物を壊して破片をまき散らす。この風が、壁に掛けられたキリストの十字架像や突きだし燭台、額縁を壁の上でくるくる回転させるので、額縁の絵は風景を逆さに見せ、全身を描いた肖像画も倒立する。シャンデリアはシーソーに変わり、そのロウソクの火はたちどころに消え、ありとあらゆるランプも吹き消される。(85)

雷雨は、たしかに、温帯諸国の想像領域において前途洋々なのである。

このように、雷雨はつねに不可思議な大気現象であったし、そうあり続けている。それは、文学あるいは写真で、幻想やイメージをかきたてる。しかしながら、われわれは、ロマン主義の時代に顕著な、文学、音楽でみられる多くの暴風雨や雷雨に言及しなかった[86]。

現代において、雷雨の探求者は、世界の方々でインターネットを通じて才能を開花させている。「雷雨の探求者は、荒れ狂う自然の力の激しさに挑み、渇望する稲妻を不滅にしたいと期待して、飽くことなく積乱雲を追求するのだ[87]」。探求者のひとりであるアクセル・エルマンは、カンタル県内のマルスナに〈雷〉と〈雷雨〉の博物館を設立した。最近閉館したかもしれないが、雷雨の追求は間違いなく続けられるだろう。雷雨がもはや神の怒りの発現として認識されず、啓蒙の時代からは宗教より美的把握の領域に属しているとしても、このうえなく経験豊かな気候学者に対してさえ、その謎のすべてが明かされることはなかった。

雷雨の政治的な象徴体系については、天気予報がかつてないほど政治の「暴風雨」や社会の「低気圧」を考え、語ることに役立っているとしても、効力を失ってしまっただろう[88]。今日、革命はもはや雷雨のメタファーを望んでいないようにみえる。革命が、啓蒙の時代の末期のように、文学の分野で書かれることはもはやないのだろうか？　それはとくにメディアの映像によって、少なくとも「ニュース」として、われわれの前に出現している。あるいは革命とその雷雨が、穏やかな気候から離れ、別の空の下へ移動したのかもしれない。そうなると、「春」が、ひそかにではあっても、民衆の願いを照らしているのである。

（高橋愛訳）

第7章　どのような天候か？　今日の天気予報——情熱と不安

マルタン・ド・ラ・スディエール、ニコル・フルザ

「天候について話すひとは、時間を無駄にする」というのは、世間の常識であった。現在、われわれが天候を話題にすることは——そして、天候がわれわれの話題とされることは——ますます多くなっている。社会が以前よりも天候の影響を技術的にうまく制御できるようになり、われわれの一人ひとりがより効果的にその影響から身を守れるようになる一方で、天候は社会的な場面において蔓延している。天候に謹厳さと堅固さを与え、頭ががんがんするほど耳にする「メテオ météo」〔météorologie の略で「天気予報」を意味する〕という新名称で、天候はわれわれを虜にすると同時に脆弱にもする。しかし、その方法は一九八〇年代までとはまったく異なる。つまり、矛盾しているのだ。天候がわれわれに悪影響を及ぼすことは実質的に少なくなっているのに、天候はわれわれにとってますます重要になっている。われわれと天候を結びつけているのは、別のタイプの要因なのである。

われわれは本章全体を通じて、歴史や文学よりも社会学、心理学に依拠し、大気現象ごとに分析された気象文化と呼びうるものの現代的解釈を試みる。このテクストは、冬ならびに有害な天候を研究する民族学者と、陽光ならびに晴天に関心を傾ける社会学者のふたりによって書かれ、天気予報を情熱として、ついで不安として述べる。

ある情熱

現代における天候の感性は、ある前後のあいだに組み込まれる。きわめて概略的にみると、三つの時代があるということだ。まず、季節の時代があった。その特徴は、人間が――農民が[1]――絶対的に、天候の如何に否応なしに左右され、「櫛風沐雨」、「雨のち晴れ、苦あれば楽あり」といった言葉のとおり、来る日も来る日も忍従と諦観をともなって経験されたことにある。次に、われわれが置かれている天気予報の時代が続いた。その社会的発明で[2]、天気予報は社会現象となった。ラジオ局フランス・アンテールでかつて天気予報を担当したルネ・シャボーはいみじくも「われわれは、民間に伝わる気象学から気象学の大衆化へ移行した」と述べた。今日、われわれは第三の時代、すなわち気候の時代の黎明期にいる。不安な先行きを描き出している時代において、まさにその永続性と未来に関する憂慮、もはや今日明日のことではなく、今後の何十年間を巻き込む将来にも関係する懸念が浮かびあがり、大きくなっている。

さて、天気予報の時代である。社会におけるその潜在的な高まりの兆しは、ラジオ局ウーロップ・アンの解説者アルベール・シモンと彼の〔マスコットの〕カエルとともに、一九五〇年代末にみることができる。その高まりは一九八〇年代初頭に顕著に現れる。一日の諸々の情報に埋もれた――にもかかわらず不可欠であった――小さなコーナーの位置から抜け出し、天気予報は専用のニュース番組の枠を獲得して主要な情報となる。天気にもっと重要性を与えようと、[3] いっそう入念に天気図やスタジオセットをつくり、担当キャスターをつねにより高度に個性化して（アラン・ジロ＝ペトレ、ミシェル・カルドーズ、ソフィー・ダヴァンやカトリーヌ・ラボルド、さらにはナタリー・リウエなどの、テレビ視聴者に受け、かつ魅了したキャスターが挙げられる。いずれもよく知られた人気者で国民的スターになっている）、天気予報はフランスの家庭に押しかける。三分間の、ちょっとした戯曲風ショータイムで、毎晩国家元首向けの保健報告書を発表するように、スポークスマンはわれわれのために診断を与え、（フランス気象局の気象予報士による）上層部で決定された予測を大胆に述べる。今日の天気予報さんの調子はどうだろう？　この共有の時間は合意のみで成立する待ちあわせで、すべてのフランス人を統合化する儀礼と言うに近いものでもある。というのも、この時間によって、われわれは従妹の家があるディジョンや幼なじみが在住するマルセイユの天候、五旬祭のために二日後に行かなくてはならないフィニステール県で予想される（順調であってほしい……）天候を知ることができ、同時に、自国の地理をふたたびわが物とできるからである。天気に関するわれわれのおしゃべりは、歩道やカウンター、郷土、会社での話と同様、話者が深入りしなくてすむ、差しさわりがない、つまり合意だけで成立するテーマであるが、[4] 天気予報は過渡対象*のように、社会的団結のファクターのように機能する（そして、つねに機能してきた。十七世紀に、作家たちはすでにそれを指摘していた）。

＊移行対象とも呼ばれる、D・ウィニコットが提唱した概念。毛布やぬいぐるみなど、乳幼児が特別な愛着を寄せるようになる物質的対象を指す。

空に対する、この新しい関心の原動力となっているものは数多く、並べあげるのが煩わしくなるほど無数にある、われわれの日常生活のさまざまな分野で生まれている。この知／予知への欲求はまったく新しいものではないが（私がここで思い浮かべるのは、農村で用いられ、地方の暦書〔天体の運行、年中行事、気象予想などを載せた暦〕で広まった、昔の気象に関する俚諺の膨大な列挙である。これらの俚諺は、知への欲望／欲求を明らかに示していた。しかし、今日よりもはるかに差し迫った理由によるものであった。つまり、農事はときに生存を左右するものであったのだ）[5]、現代ではさらにずっと効率よくその要望に応じられるもの〔インターネットなど〕が見つかっている。

それは、まずわれわれの環境や生活様式の変化を参照させる。一九六〇年代頃からあらたな自由時間が出現し、そのあいだ、われわれは気象条件に「さらされている」。その自由時間とは、平日の屋外レジャー活動に充てられる時間、週末、休暇（とくに〔週三五時間労働制による〕労働時間短縮の調整を可能にする短い休み）、そして、当然ヴァカンスを指す。この〔自由時間という〕領域に関してきわめて多くの要求をする、五百万人の別荘所有者についても考えてみよう。さらに、ガーデニングの目覚ましい発展について思い浮かべてみたい。今日、われわれはできるだけ正確にスケジュールを把握してプランを立てる必要があり、自分たちの計画や予定に不満がある状態は受け入れがたいと思っている。フランス気象局のコールセンターが受ける電話のうち、六〇パーセントは屋外活動に関することである[6]。天気予報チャンネルは「旅行、移動、休息、ガーデニング、身なり、日焼け、リラックスのために。いつでも天気がわかるチャンネル」と宣言する。

天気予報は、こうして家に押しかけ、居すわる。しかし、それ以上のことをしている。一九九六年六月二十一日にアメリカのモデルにならった天気予報チャンネルが創設され、ますます高度に精密化したフランス気象局の検索サイトが誕生し、二〇〇〇年代初頭にインターネットが発達したことで、この新しい傾向にのめり込む人々へ向けて気候関連のサイト[7]や新分野が開かれた。一九九一年から毎年開催されているイシ＝レ＝ムリノーでの国際気候フェスティバルなど、この新しい情熱に関わるきわめて多くのほかの徴候も示すことができるだろう。[8] これらの年月のあいだに、当時のある雑誌は天気予報を「フランス人の新しい情熱」[9] のように語り、ある日刊紙はわれわれの国民的気候狂について「多量摂取されているソフトドラッグで、依存する国民に重大な中毒のおそれがあると警戒を呼びかけるべきだろう」[10] と書いている。

これらの確言を文字どおりにとってはならない。この熱中、この不穏——ポルトガルの詩人フェルナンド・ペソア〔一八八八—一九三五〕のあの見事な新語 intranquillité による——は明らかだが、国民全体には及んでいない。しかし、われわれが気象中毒と呼ぶことになる人々はたしかに多く、一万人のインターネット利用者が「アンフォクリマ Infoclimat」〔有志の観測によるリアルタイムの天気情報サイト〕に登録している——一九九〇年に「レ・フェレ Les Fêlés」のサイト〔かつて「天気予報狂 Les Fêlés de la météo」の名で存在した気候関連のサイトを指す〕に登録していたのは、たったの二六六人であったのに。彼らは極端なケースをあらわしている。リアルタイムで自分たちの地域、町、界隈や村において観察され、経験された、特別で目を見張るような気象に関する出来事を証言できる状態にあり、彼らはとりわけ他人と降雪や強烈な雷雨の記録について意見を交わしたいと思っている。[11]空の観察における地方レベルの価値を失わせるどころか、今日のインターネットは気象情報を無限に——地球上の全域にわたって——伝播すると同時に、気象情報に対して逆説的にさらなる効力を与え、個人的体験の価値も新しくする。[12]突然起こったセンセーションとその目覚ましさに夢中になり、こうしたインターネット利用者は、共有される気象記録を通して、強い関心を満たすことが可能となる。彼らのひとりは、個人ブログに次のように書く。「私には三つの情熱があります。デッサン、ガーデニング、しかし私にもっとも多くのアドレナリンをくれる情熱は、気象学です。現在、十八歳ですが、十二歳のときから、私はたえず窓の外とすべてのチャンネルの天気予報に目を配っています［…］」。

しかし、この情熱／抗しがたい魅力の背後に——強調すべきは、これが天気予報のメディア化そのものによって促され、大半はかきたてられているということで、天気予報のメディア化がこれを助長し、増幅しているのだ——、互いに比較が可能で、情報を知り得るということへの、[13]この抑えきれない激しい欲求以上に、これらの気象中毒の人々の心には、おそらく真の不安や恐れも潜んでいる。それは、短音階のメッツァ・ヴォーチェ〔声量を半分に落とした、柔らかい声による唱法〕であるが、われわれの大半にまで拡大しうるものだ。アラン・ジロ＝ペトレに従えば、このように是が非でもたえず天候を制御しようとすることは、じつのところ、変化する天候を制御し、その変化を弱めたいという気持ちを暗示している。[14]ジロ＝ペトレは、あるシンポジウムで次のように述べた。「天気予報はわれわれを安心させる。なぜなら、それは、翌日が、死に抗する保証が、たしかに存在することを約束するものであるからだ」。

この不穏のテーマをもって、不安や恐れ以上に、われわれはあの一般化した天候の感性を説明するのにふさわしい重大な傾向に言及することになる。実際に、われわれは気象情報になんと依存していることか。依存同然であろうがなかろうが、われわれの天気予報との関係は、より広範に、現代の生活様式の多くの分野・領域で見出されるわれわれの予防への欲求／要求の方針に組み込まれている。カナダではずっと前からだが、数年前から、テレビで話題になっているのは体感温度である。家から出たときにわれわれが実際に感じるものを、微に入り細を穿った説明でよりわかりやすく伝えてくれるのだ。われわれの身体、衛生、健康関係に及び、影響するもの全般（清潔と快適に対するわれわれの不安を見よ。それは一部の人々の強迫観念になっている）の諸々の保険に関して、われわれのこの問題における要求は指数関数的な方法で増加していくだろう（保険で、われわれは経済的に不測の事態や思いがけない出来事から身を守っている。そのうえ、ずっとより広範囲にわたる方法で、何もかもがわれわれを不測の事態にますます耐えられないように促している。われわれの一人ひとりが、より個々に同じ方向へ進み、このうえなく多岐にわたる分野で保証を要求しているのだ）。われわれはそれを皆知っている。われわれはそれを体験している。列車の切符と同じくらいかなり前からヴァカンス用の貸別荘の予約をし、季節の如何と同様に空模様を予測することを欲するようにわれわれを駆りたてているのは、たしかに同じ衝動なのである。[15]「われわれは都合に合わせて季節を待ち[16]」、つねに太陽が

「その務めを果たしてくれるよう」に望み、「暦に忠実な」季節を願うとセヴィニェ侯爵夫人は書簡に記していた。われわれは気候の不確実性にますます耐えられず、またわれわれの生活様式はその不確実性といっそう相いれないことが明らかとなり、この領域において、われわれはほとんど進歩しなかったのである。

気候学者が認め、強調するように、天候はわれわれに抵抗を続けている。「不確実の世界に、気象学にとっての絶好の場所がある」[17]。「天候を当ててみせると言うひとは嘘つき」という格言は、それなりに、このことを連想させる！　この点に関して、今日では、三日目以降の予報になると、慎重なキャスターがみずからの予想に「信頼度」を付け加えていることを思い出そう。そのあいだ、「警戒レベルマップ」はわれわれに注意喚起し、警戒を呼びかけ、移動したり、戸外に身をさらすことを思いとどまらせる。そうなると、われわれは変わりやすい空のみならず、キャスター、気象予報士に対しても（「彼らはまた間違った！」と）抗議を続ける（この面においては、なにひとつ変わっていない！）。彼らは、つねにさらなる正確さを求められる、あらたなスケープゴートなのだ（関係者が受けていると実際に述べた抗議、苦情の数を参照）。

絶え間なく心配をもたらす天気予報はわれわれを悩ませるためだけに発明されたとさえ思われる、というのは十七世紀の作家がすでに指摘していたことである。つまり、それはたえずわれわれをいらだたせてきた。そして、逆説的であるが、われわれは今、以前よりもさらに腹を立てている。不安はくり返し現れ、多様な形をとる。個別的でありながら共有されてもいる、季節をテーマにしたヒマダネ記事は社会全体に広まっている。

この不安は、なんといっても、「悪」天候と呼ばれるもの[18]に対する不耐性に変化しうる。逆説的だが、前述のように、われわれは現在、昔よりも悪天候から身を守ったり、さらには免れたりするうえでかぎりなく有効な手段（服、暖房、予報等）を自由に使えるのに、この天候にますますいっそう耐えられなくなっているようにみえる。後述するが、不耐性はアレルギーにまで達する恐れがある。心理学的なものから医学的、私的なものへ移行しているのだ。言うなれば、前ロマン主義以降の作家やこのうえなく虚弱体質の人々の特性であったものが[19]、現在では社会全体で、とくに社会の少数派、つまり、ある医師がいみじくも「十一月の特性を持つ人たち」〔天気の悪い十一月頃から抑うつ症状を呈する人々を指す〕と呼んでいる人々のあいだで広まり、蔓延しているように思われるのである。

ある不安

戸外がどのような気温であろうと、圧倒的多数が自然から離れ、エアコンのきいた場所（会社、交通機関、アパルトマン）で生活しているのに、われわれの天候に対する感性はより激しいものになっている。天候が、平均的で型にはまった天候、季節のイメージと一致しないので、われわれが話題として耳にするのは、もはや秋、春あるいは雨の多い夏ばかりである。メディアは、われわれのあらゆるトーンの不満を表す。冗談めかした不満としては、二〇一二年八月十三日の『ル・モンド』紙の第一面に掲載された「プランチュ〔フランスの風刺画家、本名ジャン・プランチュル、一九五一―〕のまなざし」のような例が挙げられる。浜辺で、水着姿のあるカップルが傘で雨をしのいでいる。新聞を読んでいる女性が言う。「科学者がバナナのゲノムを抽出したって！」男性が答える。「日光のゲノムを抽出した方がよいだろうに！」あるいは、統計を用いた、より確かな方法による例もある。フランス気象局は、二〇一三年一月が「一九五〇年以降、二〇〇四年一月、一九七〇年一月とともに、日照時間がもっとも短かった一月」[20]であったと指摘する。「オーセール〔ブルゴーニュ地方ヨンヌ県の県庁所在地〕で、日照不足の月間記録は八二パーセントに達している。〔通常の一月〕平均が六四時間二二分であるのに対して、一一時間二七分である」[21]。最後は、応急処置のかたちで太陽の代用となるものをアドバイスする例である。「日光不足を補うには、どうすればよいのか？」[22]。

ブルターニュ地方の人々が「暗い数カ月」と呼ぶ沈滞期の冬に関して、ある若い女性は次のように書く。「曇りの天気は、悲しく、寒々とし、蝕まれる」[23]。霧、灰色の天気は、空間のみならず、日照時間をますます短縮して時間の流れも曖昧にする。「最悪なのは、暗いうちに出発し、暗くなって帰宅することだ」。冬は、本来の姿、はっきりいえば、「本当の冬」のようであれば、それほど耐えがたいものではないだろう。つまり、たしかに寒いけれども凍えるような冷たさではなく、雪がつづき、白いままで、とりわけ真っ青な空を背景に大きな太陽も見え、かつてテオフィル・ゴーティエがいみじくも語った、われわれの「蒼天への愛惜」を回復させてくれるような冬である[24]。冬は、言うなれば、山のヴァカンスを提案する広告にぴったりなのだ。このような季節が光沢紙〔旅行代理店のパンフレット等を指す〕に印刷されなければ、どのように生き耐え、二十一世紀の転換期の冬に適応すればよいのだろうか？

一五年ほど前から、秋になるときまって「〔季節をテーマにした〕ヒマダネ記事」が掲載され、近づく冬とそれによって心身にくり返し現れる不調に注意するよう、われわれに呼びかけている。二〇一〇年十一月二日の『二〇分』紙を見ると、「季節性うつ病は冬眠しない」と書かれている。二〇一一年九月八日の『ヌーヴェル・オプセルヴァトゥール』誌には「光でうつを治療する。ライトが抗うつ剤に代わるとき」、二〇一一年一月二十一日の『エル』誌には「打倒、冬の憂鬱。わたしたちの決定版プログラム」とある。今やすっかりおなじみだが、メディアは毎年こうした「ヒマダネ記事」をくりかえすことを責務としている。「冬季うつ病」という病名もある。もっともよくあらわれる症状、冬になると起こる過眠への欲求、光療養が繰り返し言及され、プログラムは「元気に冬を過ごすため」の新しいアイデアを発表する。冬の終わりとなる二月は、最短の月であるが、果てしないものとして経験される。冬が少しでも攻撃を緩めなければ、光の備蓄が切れ、「バッテリーが空っぽ」になってしまうからだ。二〇一三年二月四日の『ユニオン』紙は「光不足、アルデンヌ県を覆う冬の憂鬱」、二〇一三年三月二十三―二十四日の『トリビューヌ・ド・ジュネーヴ』紙は「季節性うつ病から抜けだすためのあらゆるコツ」を伝えた。

この「病」に対する認識と病名は、数年のうちに広がった。『ウエスト＝フランス』紙の記者コレッ

エドワード・ホッパー《日光浴をする人々》(1960年)
(©2013. Smithsonian American Art Museum/Art Resource/Scala, Florence)

光療養
(Photo by Peter Ginter ©Bilderberg, Ginter)

ト・ダヴィドは、二〇〇四年十一月一日の彼女の記事によって、幾人かの女性読者が心のなかでももやもやしていたものに名をつけられ、自分たちが季節性うつ病であることがわかり、すぐにその治療、すなわち光療養を知ることができたのを喜んだ。

国立精神保健研究所〔米国の首都ワシントン郊外にある。略称はＮＩＭＨ〕のノーマン・Ｅ・ローゼンタール博士が、ある論文の初版で、冬に再発するこの「感情障害」にユーモアを込めてＳＡＤ[25]と命名したのは一九八四年である。障害は、秋が来ると突発する。日照時間が短くなり（日がもっとも短くなる冬至）、照度が（夏のピークの一〇万ルクスから、冬の雨模様で曇りがちな日の一五〇〇ルクスまで）下がるときである。そして、春になると自然と消える。高照度の光を浴びることで、患者の症状は改善する。典型的な抑うつの症状に加えて、季節性うつ病は、いわゆる非定型の自律神経の乱れによる症状（過眠、体重増加を引き起こす炭水化物の摂食亢進）によって特徴づけられる。顕著に現れるのは女性で、季節性うつ病に苦しみ、影響を受けている人々の七〇—八〇パーセントを占める。季節性うつ病は、一九八七年にアメリカ精神医学会（ＡＰＡ）が出版した『精神疾患の診断・統計マニュアル』〔*Diagnostic and Statistical Manual of Mental Disorders*、略してＤＳＭ。アメリカ精神医学会が一九五二年に第一版を出版し、二〇一三年の第五版『ＤＳＭ-Ｖ』まで改訂が重ねられている[26]〕に記載された。それ自体としては出ていないが、その季節性や再発性がうつ病の挿間性疾患を明示している。新版の『ＤＳＭ-Ｖ』は、二〇一三年に出版された。ノーマン・Ｅ・ローゼンタール[27]は、季節性感情障害の病態が完全に個別の実体として、主要なうつ病の挿間性疾患には属さない障害として見直されるよう求めた。[28]

たしかに、パリのサン゠タンヌ病院に勤務する精神科医クロード・エヴァンによれば、これらの非定型の症状は、しばしば第一期において推奨される治療、光療養ではっきりした効果が期待できる徴候をみせる。[29] 現在、標準的な治療は、一万ルクスの高照度の紫外線と赤外線を通した、断続的にサングラスをかけずに見るべき特別な光のパネルの前で、朝三〇分、光を浴びることから成る。無気力と諸症状は数日で消える。もし、ぶりかえしたら、患者の自然寛解が得られる時期まで、治療は継続されなければならない。この治療は単純なので、唯一診断を下すことができる精神科医と禁忌がないかを確認する眼科医の診察が必要であることは忘れられがちである。人口の一―三パーセントが真性のSADを患って苦しみ、休職を必要とする一方、気候に敏感な人々の一五―二〇パーセントは「準SAD」の影響を受けているにすぎない。つまり、彼らは同じ症状を呈するだろうが、それはずっと控えめである。それでも、人口全体の約九〇パーセントが多かれ少なかれ気分に関わる季節的変化の影響を受けているだろう。したがって、非病理学的な季節的特徴と病名のついた季節性うつ病とのあいだの連続は存在するだろう。

この冬の不調は、ヒポクラテスから知られている。紀元前五世紀からすでに、ヒポクラテスは、彼の気象医学概論である『空気、水、場所について』と『全集』[30]において、医師が自然環境との関わりのなかで患者を診察するように勧めていた。憂鬱な気質は、黒胆汁がもっとも猛威をふるう危険な季節、秋のように、乾燥して冷えた大地と対応関係にあるとわかっていたのだ（口絵16参照）。

これらの教えは、十七世紀にオックスフォードで牧師と司書を務めたロバート・バートン〔一五七七―一六四〇〕によって伝えられ、『メランコリーの解剖』[31]でバートン自身の観察をふまえ、敷衍して論じられた。

この冬の憂鬱に関する科学的位置づけは、気候療法と、とりわけ時間生物学、さらに神経内分泌学の科学的進歩によって確立された。これらを踏まえた考えは、一九七一年における生物学上の概日リズム〔約一日周期の生体リズム〕、一九八〇年における光によるメラトニン分泌抑制の発見と直結していた。

人間が、その生物学的機能において、自らの置かれた環境に、自然の大きなサイクルに支配されていることを認めなくてはならなかった。そのサイクルとは、地球そのものが二四時間かけて自転することと結びついた概日性（昼／夜）のサイクル、光周期の変動をともない、地球が太陽の周りを公転することと結びついた季節性のサイクルである。「生物学的変数」と呼ばれる多くのものが、これらのサイクルに応じてわれわれの身体で生じ、われわれのきわめて多くの行動を決定づけている。

現在、生物学的な概日リズムは、かつてないほどよく知られている。隔離実験によって、人体は、たとえ外界の目印が奪われても、わずかに延長しながら、このリズムを維持することがわかっている。[32]平時において、このリズムは、外界の刺激（光と社会的同調因子）と体内の同調機構によって周期的に「調整され」、「導かれる」。音／静寂の交替、においや外の気温の変化、時間の要請をともなう社会生活の変化といった社会生態学の信号は、人間にとってきわめて重要である。[33]光は、これらの社会的な同調因子に補佐され、体内時計[34]が時間を「保ち」、体内のさまざまなリズムを編成するのを助ける。

秋における光周期の短縮であれ、夜勤、あるいは時差の大きく異なる地域に高速移動する旅行（時差ぼけ）であれ、外界の同調因子が変わると生物リズムは適応する。しかし、生理的変数（覚醒／睡眠リズム、体温など）に応じて、かかる期間はさまざまである。体内の同調機構の乱れには、かなりの個人差が見られる。

とくにわれわれの睡眠を左右する、一九五九年に発見された有名なメラトニン[35]の概日性のサイクルに関しても、それはあてはまるだろう[36]。実際に、このホルモンは昼夜の交替と結びつき、その分泌は夜の長さ（日暮れから午前三、四時頃をピークとし、夜明けまで）を反映する。暗闇がもっとも長く続くことから、夏よりも冬に重要であり、入眠において主要な役割を果たす。その作用は目から脳まで複雑な道のりをたどる。光は、光刺激に敏感な（錐体や桿体とは別の）網膜の細胞によってキャッチされる。照度の情報は視交叉上核を経て、松果体へ達し、そこでメラトニンが生合成される。

冬季うつ病が数十年間で急速に広がったことは、どのように説明できるだろうか[37]？　考慮に入れるべき多くの要素がある。すなわち、要求の多い社会における季節性うつ病の副次的な利点、二十世紀のさなかに生まれた太陽への欲求、その必然的帰結としての自然光のあらたな重視、そして、時間生物学にみる多様な研究の大衆化である。

前述のように、新聞を読み、テレビを見て、「ああ、私が患っているのは、これ！」、「今、私は具合が悪いけれど、驚くことではないわ。この症状はテレビで見たもの」、「ここに書かれていることは、まさに私だわ！」と、自分が「季節性うつ病」であると分かった人々がいた。ジャン・スタロバンスキー[38]は次のように説明する。「言葉は、それ本来の効果によって、感情的経験を定着させ、広め、一般化することに寄与する。それは感情的経験の指標なのである」。病は伝染する。「なぜなら、それが話題となるからである。［…］言葉が感染源の代わりになっているのだ」。ひとたび診断が下されると、これらの人々は安心した。自分が環境と結びついた障害に冒されていると知ることは、外因性の、客観化できる要因をはっきり明示できるということなのである。「それが天候、光に起因することがわかって、私は落ちつきました。というのも、以前は、不調の原因が自分にあると思っていたからです」。ある精神科医は、「自分が環境と結びついた障害に冒されていると知ることで、自らを責めずに済む」と付け加えている。くわえて、無気力や意欲の喪失が自分のせいではないと証明してくれるだけに、いっそう彼らはこの「病気」になる傾向があった。ジャン・スタロバンスキーは「身体上の原因に関わる不可避的作用は批判を招かない」とも述べている。彼らは助力を受けることを、各人が自らを引き受け、自立し、責任をもつことを要求するこの社会に「堪え」られないことを、自分に許すことができるようになったのだ[39]。ついには、化学物質抜きの、より自然な方法による療法が「有機の」「エコロジスト的な」傾向に沿う。

光不足に起因するこの障害を、二十世紀中の太陽の誇大表示と照らし合わせれば、その〔障害による」不快はさらに納得できるものとなる。十九世紀末、太陽に対する警戒心は著しかった。子を持つ母親のあいだでは、日射病と夏負けに対する注意は当時の保健衛生の関心事でもあった。クリストフ・グランジェは、のちに「それは生物学上の不安となり、身体と季節の接触を確固たるものにした」と説明している[40]。実際に、微生物の発見を受けて、ある転向が起こった。衛生学者は、そのとき、都会を象徴する培養液から離れ、外気にあたり、身体を自然にさらすようにと緊急宣言したのだ。「われわれは周囲の毒気で青白くなっている小学生を連れ出し、［彼らを］林間学校へ送り込まなくてはならない[41]」。それから、空気、日光、高地の療養が体質に応じて推奨されるようになった。新しい気候療養によって、気候の変化が人体に良い効果を生むと指摘されたからである。

ジョルジュ・ヴィガレロは、二十世紀のさなかに固有受容感覚〔自分の体の平衡や運動、緊張を認知する深部感覚〕へ目を向けさせることになった、身体に関する新しい意識の表われを説明した[42]。自己への、充足感への配慮がもっとも重要になる。そうなると、太陽、素肌が受ける熱に対する感覚的快楽への強烈な関心とともに優先されるのは、熱の心地よさ[43]である。「私は肌で日光を感じる必要がある。素肌を出せない服は決して着ない。肌を大いにさらすのだ。私は夏服しか好まない。首に、足に風を感じるのが好きなのだ」。

周知のように、大衆の向日性は、それまで自然から切り離され、家庭と公共の場の電気照明や生活空間の暖房、「下水設備と都市の地面の防水加工[44]」の普及で「季節変動修正をされていた」大半の都会人が取得することになった、有給休暇の開始とともに進行した〔フランスでは、一九三六年に二週間の年次有給休暇が法で定められ、その付与日数は、一九五六年に三週間、一九六九年に四週間、一九八二年に五週間となった」。この動きがピークとなった一九六〇年代は、例の「海、太陽、砂 Sea, Sun, Sand」がスローガンとなった。[45] こうして、太陽はヴァカンスの「好天」に必要不可欠な要素となる。冬に太陽を懐かしがり、めったに太陽が見られないことを苦しむのは、それ以降、「当然のこと」となった。

しかしながら、一九九〇年代以降、太陽ならびに日焼けへの信奉は少々弱まった。実際に、世界保健機構と連携し、フランス国立がんセンターが支援する学際科学系グループの提唱で創設された紫外線防御協会[46]の活動のおかげで、特定の太陽光線の危険性と日焼け前に取るべき予防策については、今日誰もが知るところとなった。

さらに、冬に太陽を希求して旅に出ても、その先で日差しが弱いことは起こりうる。年中楽園のようと謳われた「島の気候」に魅せられ、「太陽の熱が自分の活力をよみがえらせてくれるかのごとく、ただ日焼けすることを夢みていた」女性は、インタビューで失望を語った。彼女がそこで見出したのは、サマセット・モーム〔イギリスの小説家、一八七四―一九六五〕が描いているものであった。「空は青かった。その青はイタリアの輝く、活力を与える青ではなく、東洋風で乳白色の淡く物憂げな青であった[47]」。生物気候学者のジャン＝ピエール・ブザンスノ[48]は、南北両回帰線間の、あるいは亜熱帯の島々におけるハイシーズンがしばしば熱帯低気圧性の豪雨をともなう時期にあたり、高湿、つまり雲の多さに特徴づけられると説明する。最後に、言い落されている、別の現実も指摘しておこう。熱帯地方では日が短く（約一二時間）、夕暮れがないまま、暗く長い夜が訪れるのである。有害で、さまざまに変化し、危険な面も知られた太陽であるが、もっとも重視されているのは、その光である。日中、陽にあたることは絶対的となった。実際に、時差の影響に関する時間生物学の研究、とくに「社会的時差ぼけ」[49]は広く大衆化した。われわれは体内時計のリズムで生活していない。「入眠」へ移行しようとする、寝つきのサイン（「熱放散」が働き、深部体温が低下する）よりもずっと遅くに床に就き、寝不足のまま起床しなくてはならない。われわれは不眠症や心血管疾患、認知障害さえも招く睡眠不足を重ねているのである。[50]したがって、教室をしっかりと、とりわけ覚醒と認知機能を高めるブルーライトで明るくしないと、小学生や学生が午前八時から九時まで睡眠時間を引きずる傾向があることも明らかになっている。[51]

企業経営者たちは、まず光療養の需要を満たそうと、概日リズムに関する研究と直結した照明のブームに応えた。そして、ランプの形状に関しては、インターネット上で大きなシェアを誇り、より多様化されたこの市場と並行して、まさに省エネで長寿命、「太陽光」に近い電球型蛍光灯の市場が注目を集めた。実際に、メーカーは、白熱電球のより黄色く、より心地よい光の柔らかさを切り捨て、真っ白な光により高い価値を与えている。「つねに太陽の明るさに近い自然な光を散乱することは、実際の見やすさに加えて、充足感を与える」からである。「ライフエネルギー Life energy」、「デイライト Daylight」、「バイオライト Biolight」などの商品名もそこに由来するだろう。

国際照明委員会（ＣＩＥ）に加盟するフランス照明協会（ＡＦＥ）のような団体は、国立天体・夜間環境保全協会（ＡＮＰ－ＣＥＮ）が告発した過度な夜間照明による光害を考慮し、職場と同様に、公共の場の照明改善に関わる研究の普及において、積極的な役割を果たしている。フィンランドでは、ヘルシンキのカフェ・エンゲルがかなり早くから煌々たる照明の喫茶室を設け、朝食時に個々人が光療養をしなくてもよいようにしていたが、多くの会社が冬の光不足を補うために治療用ルームランプのような特別な照明の装備を施している。

テクノロジーによって、冬に夏の光の提供を望める！　それは医学が求めること以上ではないだろうか？　日没同様に遅い日の出とも結びつく感情について言えば、われわれの穏やかな気候のもとでは、そうした感情は一掃されうるようだ。それは、アイスランド出身のデンマークの芸術家オラファー・エリアソンが、ロンドンのテート・モダンで二〇〇三年に開催した「ウェザー・プロジェクト」において、非常に精巧な装置を使って発生させた霧のなかから果てしなく日の出を見せ、われわれに部分的に感じさせようとしたことである。エリアソンは、天候――風、雨、太陽――が自然とのたぐいまれなる、重要な交わりのひとつで、都会でもなお経験できると考えている。

ヴィルズ＝ジュスティス博士(52)は、季節的特徴を取り戻すことを長年推奨し、早朝の散歩がＳＡＤ患者にとっての光療養と同等の効果をもたらす(53)と主張する。(54)灰色の豊かな濃淡が生きた写真を通じてわれわれに好ましいと思わせてくれる、フィンランドの写真家ペンティ・サマラッティのように、冬景色の眺め方を学び直すのである。詩人のフィリップ・ジャコテは「しかし、われわれはほとんど力を持たぬにちがいない／陽光が少々弱いと放棄するとは／そして数時間背負うこともできないとは／雲の束を……」[55]とわれわれを非難さえしている。そして、春と秋を再発見することである。「夏の強い日差しを褒めそやすために、春の心地よさと秋のかげりに対する賛美はなおざりにされてきた」[56]。

準ＳＡＤに関しては、医学的見地の埒外にあってその枠に収まらないこと、その苦痛をわれわれの気分の一部のように受けとめることが、ひとつのあらたな解決となる。それは、メディアが「冬を元気いっぱいに過ごすための五つのコツ」[57]、「私は季節性うつ病を寄せつけない！」[58]などと提案して、定期的に促していることである。一人ひとりが自分の気分の管理を心得て、個性にしたがい、その「ブリコラージュ」、対応策を編みだすのだ。それは、戸外でのスポーツ、あるいは仕事前に地下鉄を手前の駅で降りて歩くことかもしれない。春へ向けて、共同庭園の「自分の」区画の（または地方で所有する庭の）土を準備することかもしれない[59]。「クリスマスの準備にすっかり夢中になっているにもかかわらず、春のために花屋のカタログを検討し、注文すべき種や低木のリストを作成するために引きこもる」エリザベス・フォン・アーニム〔イギリスの作家、一八六六―一九四一〕[60]のような方法かもしれない。ほかの人々は、あるいは同じ人々でも、その時々に応じて「ディナー、料理、人の招待など、比喩的に暖かさを想起させるものを何もかも求め、快適な室内で丸くなる」。「色、それはどれでも私を夢見心地にしてくれる。布地はふんわりしているのがいいわ」という声もある。そしてもちろん、ロウソクや〔クリスマスツリーの〕イルミネーションといった北欧の国々から伝わる風習も忘れてはならない。

闇を追い払うべく、光が勝ち誇る多くの祭りはまさに文化的代用となって、何世紀も継承されてきたか、最近になって創造されるかしている。たとえば、十二月十三日に、聖女ルチアは小村にいたるまでのスウェーデン全土において、ロウソクを灯した緑の冠を頂く輝かしいルチア役を先頭に、一本のロウソクを持ち、真っ白な衣装をまとった若い娘たちの行進によって祭られる（口絵17参照）。「聖女ルチアは、厳冬のさなかに、凍りついた地域を魅力的に明るく照らしてくれる活力となる」[61]。スイスにおいて、光を忘れないように、本通りで木製の巨大な太陽を持ち歩くことを近年考えついたのは、ヴァレ地方のグランジオル村である。十二月八日のリヨンの光の祭典について言えば、もともとはフルヴィエールの丘に建つサン゠トマ礼拝堂の黄金の聖母マリア像を光で飾り、窓台にロウソクの「灯火」を置いて、町で聖母マリアに献灯する守護聖人の祝日であった。一九八九年から、祝日は自然に観光行事となった。町の素晴らしい建造物のファサードに浮かびあがる、芸術家による多数のライトアップが、町の「灯火」の伝統に加えられたのだ。

そして、前述した別の対応策であるが、旅行によって陰鬱な時期から逃れる決心をする人々もいる。人々が太陽に会えると期待し、（すでに言及した失望をともなう）モーリシャスやアンティル諸島へ、それができなければ山へと向かうのは、ヴァカンスシーズンでおなじみの十二月か、たいていの場合、二月である。今日、この比較的新しい傾向は、フィンランド人にとってほぼお決まりのやり方となった。フィンランド人は、スペイン南部かギリシアに大挙して押しかける。ケベックの人々は、フロリダで、フロリベック〔フロリダとケベックの合成語〕と呼び慣わされる場所に「スノーバーズ

Snowbirds〔避寒客〕[62]」という、その名にふさわしいコロニーを作ってしまった。最後に、お望みの気候に応じて月ごとに行き先を提案する『気象に関する旅行ガイド』も旅行客の助けになってくれる[63]。

しかし、夏だけが好天というわけではない！「私は冬の愛好家！」、「夏に耐えている」、「安定した晴天は好まない」、「二五度以上の晴天にもう我慢できない」、「暑くて汗まみれ。心のなかで精神的圧迫のようなひどい不調を感じる……それはまったく憂鬱でも、落ちこみでもなくて、不快であり、心的なことである」、「夏になると、鳥が作った巣のように、木々には葉が生い茂っている。これ以上、何かを受け入れる余裕はない」という声もあるのだ。この病に苦しむ人々には、もっと講じやすい対応策がある。夏のあいだ北国を訪れるか、南国でおなじみの、あの長いシエスタをするのだ。南国では、半日の光が「肉眼で感じることができる最大限の白熱で、その先にあるのは、もはや盲目のみである」[64]。雲ひとつない青空、大いに幻想化された安定した晴天は、あまりに長引くと、その単調さゆえに意気消沈させることになりかねないとジャン＝ピエール・ブザンスノは指摘した。

夏の季節性うつ病（夏季ＳＡＤ、あるいは逆季節性感情障害）を発症するのは、きわめて少数にとどまっている（人口の一パーセント以下）。それでもやはり、〔冬季うつ病とは〕反対の症状（不眠、食欲不振、体重減少）をともなって、確認はされている。ともかく、ローゼンタールは、既出論文において、今後の『ＤＳＭ－Ｖ』で冬季うつ病に対して求められる地位と同等のものを夏季うつ病に与えるには、十分な研究が行われていないことを認めている。実際に、夏季うつ病が同様の科学的関心を引き起こすことはなかった。

四季礼賛

われわれは、本論の冒頭で、天候の感性の歴史における、きわめて概略的な三つの時代区分を提案した。(季節の時代、天気予報の時代に続く)第三の気候の時代は、まさにその持続性、不変性の問題を投げかけ、今後数十年の展望を描きはじめ、輪郭を浮かびあがらせたばかりである。(周知のように、専門家はシンポジウムやメディアを通して、この新しい気候変動の問題について、ときに激しく討論している。)しかし、今のところ、社会学者がそれに関して何を語れるだろうか? この実際に表面化していない展望が、庭や村、地域レベルで不可視のままであることは示せるかもしれないが、まだ大したことは言えない——民族学者が、環境に影響を及ぼす、別の脅威に関する予測を語るように、天変地異はしかしながら、ゆっくり、ひたひたと、ドラマトゥルギーもなく忍びよっている。われわれの大多数は、気候変動の予測を専門家にゆだね(反対推論により、メディアはそれを利用する)、本当に心配しているわけではない。天候に関する警告を考慮に入れず、ほかの世間話のように揶揄さえする。

季節の移り変わりは変化するだろうと、とにかく競うように繰り返されている。アンシャン・レジーム期の年代記で使用された言葉を再利用し、季節が崩れるとも言われるが、われわれは(まだ?)

そのような不測の事態を認める準備はできていないように思われる。それほどに、われわれの文化において、天候とその象徴体系の類型についてわれわれが持つイメージは根強いものなのである。われわれは、太陽、風、雪、霧、雨などに（あまりにも）多くの場面で耐えている――天がわれわれにそれらを課しているのだ――しかし、われわれはまたそこから別の意味を引き出し、それらを思い描き、そこから夢をみて、それらを理想化することもできる。人それぞれに大気現象がある。祖母の家の料理の味や、放課後のおやつであった、われわれのマドレーヌに似た方法で、季節は、呼び起こされる記憶、子供時代とともに強く刻印された親近性をあらわす。「もはや季節は存在しない[65]」という表現は、同時に、なにひとつとして勝るものはなく、つねに今の時代と相反する、子供時代に対するわれわれの懐旧の婉曲表現と同じように理解できないだろうか？ コレットは次のように書いている。「あの時代には、厳しい冬が、焼けるように暑い夏があった［…］。もはや、どんな冬も純然たる白さをもたない[66]」。つねに集団の想像領域を満たしている詩的な連想の向こうで、その連想に反して、定義自体や土台が非常に揺らいでいる季節は、やがて危機遺産になる可能性がある。過ぎゆく日々の静けさのなかで、縮小し、短音階の小さな音を奏でることになっても、季節はきっとわれわれに人生の小さな教訓を与えつづけることができるだろう。季節は時の流れ、つまり万物がひとりでに衰えることを語り、ときには安心させ、ときには不安にさせるが、つねにめぐり、われわれに反復という逆説的な贈り物をくれるのである。

（高橋愛訳）

監訳者あとがき

本書は Alain Corbin (dir.), *La pluie, le soleil et le vent. Une histoire de la sensibilité au temps qu'il fait*, Aubier, 2013. の全訳である。原題を直訳すれば「雨、太陽そして風。天候にたいする感性の歴史」となる。それぞれ異なる著者の手になる七章から構成される論文集だが、じつはアラン・コルバンが執筆した雨に関する第一章だけは、その後次のタイトルで単行本化されている。Alain Corbin, *Histoire buissonnière de la pluie*, Flammarion, « Champs », 2017. 本文に異同はないが、数ページごとに小見出しが付されており、本書においてはその小見出しを採用した。また二〇一七年の単行本版には本文を補足する付録として、本文で言及、引用されている作家を中心に、十九、二十世紀の作家（ソロー、ユゴー、ゾラ、プレヴェールなど）の作品の抜粋が「読書ノート」として収録されているが、本書には収めていない。

気候の歴史から気象の歴史へ

日本は毎年のように台風、大雨、猛暑、大雪などに見舞われる国であり、それがときには日常生活や経済活動に甚大な影響をおよぼすから、天候に無関心ではいられない。実際、気象に関する情報がさまざまなメディアをつうじて数多く流されるし、日本の天気予報の高い精度には感心するほどだ。それに比べると、ヨーロッパ大陸の西端に位置するフランスは穏やかな気候と風土に恵まれ、われわれ日本人から見ると気象の変化はゆるやかであり、天気予報の内容はかなり大ざっぱだ。

フランス語に parler de la pluie et du beau temps という慣用表現があり、そのまま訳せば「雨と晴天の話をする」となるが、転じて「当たり障りのない話をする」「つまらない話をする」という意味で使用される。天気とその変動は、人間関係や社会生活にはほとんど影響しない二義的な話題という位置づけだろう。人間にとって天候は身近な現象には違いないが、人間が自由にできない自然現象だというかぎりにおいて、政治や社会や文化の問題とは位相が異なる。毎年、毎季節ごとに反復される現象だから、真面目な議論の対象にはならないという認識もあるだろう。

しかし、本書のスタンスは異なる。天候の変化は日常的な出来事だが、雨、風、雪、霧などの大気現象、太陽が輝く晴天、雲におおわれた曇天といった空の状態にたいして人々はどのような感情をいだいてきたのか。それはけっしていつも同じ感情ではなく、時代によって変化したというのが本書の基本認識である。編者コルバンが「気象学的な自我」と名付けるものは、少なくともフランスでは十八世紀後半から十九世紀初頭のロマン主義時代に形成されたという。天候とその変動をどのように感じ、価値づけ、表象してきたのかという問いが、こうして歴史学の問いかけとなる。史料として活用されるのは科学的啓蒙書、気象学や地理学の著作、フランス各地の民話や伝承、文学作品、絵画やポスターなどの美術作品、そして現代のアンケート調査ときわめて多様性に富む。

注意してほしいのは、本書で論じられる歴史が、いわゆる「気候の歴史」とは明確に差異化されるということだ。気候の歴史は、人類学や民族学のほかに、気象学、地理学などの自然科学諸分野の成果を融合させながら、数世紀ときには数千年単位の長いスパンにわたって気候変動の歴史をたどり、それが社会生活や経済活動にどのような影響をおよぼしてきたかを明らかにしようとする。フランスに例をとれば、ル＝ロワ＝ラデュリの『気候の歴史』や『気候と人間の歴史』（いずれも藤原書店より刊行）が代表的な業績である。現代ならばそこに、環境学的な考察が寄り添うところだろう。

それに対して本書は、日々変化する天候あるいは天気を人々が同時代的にどのように感じてきたのかを問う感性の歴史に属する試みである。したがって気候の歴史に比べれば短い時間軸にそって、章によって多少の違いはあるがおもに十八世紀から現代までを対象にして、雨、太陽、風や嵐、雪、霧と靄《もや》、雷雨など具体的な気象現象ごとに章が立てられ、最終章では、そのような気象の変動を予測する天気予報への人々の高い関心とその心理的な影響が問題とされる。

気象の多様性と意味づけ

日常的な現象であるがゆえに、普段われわれは天気の話は何気なくやり過ごしている。気象条件が気になるとすれば、それが仕事に影響したり、農産物の生育と収穫に波及したり、レジャーや学校の行事に支障を来したり、台風や豪雨が日常生活を脅かしたりする場合だろう。それでも、たとえば五十年前の昔に比べれば、天気予報はきわめて正確だし、冷暖房は整っているし、公共交通機関が整備され、車が普及しているから、われわれは気象条件の影響からかなり保護されている。とはいえそれは長い歴史の時間軸でみれば、ごく最近のことにすぎない。西洋を舞台にした本書は、さまざまな気象現象を人々がどのように生きてきたかについて、興味深い証言と発見にあふれている。各章の内容を網羅的に紹介することは差し控えるが、以下でいくつかのポイントを指摘しておこう。

十八世紀末、気象学的な感性に大きな変化が生じるという状況下で、雨が身体的な安らぎや、魂の平穏や、メランコリーの快楽をもたらすとして、雨を評価するレトリックが練りあげられていく。またフランス革命時の出来事や、七月王政期の国王ルイ＝フィリップの巡行に見られるように、国家的行事が雨のもとで展開するのは、為政者を市民に近づけ、市民たちの連帯と平等性を強めることに貢献したという。もちろん雨を嫌う態度は根強かったが、それとは異なる雨の政治性が意識されたのだった（第一章）。他方、雨と正反対の晴天にしても、昔からずっと好まれてきたわけではない。古代から中世を経て、近代初期にいたるまで、太陽光にじかにさらされるのは人体にとって有害とされていた。フランスのような温帯地方の穏やかな太陽が知的で、創造的な文明を生みだすと認識され、陽光が住居の清潔さや、人々の健康や、結核などの病への対処法として役立つとしてその効用が説かれるようになるのは、十九世紀後半のことにすぎない（第二章）。

第三章は、フランス各地の民話や伝承などの民俗学的史料にもとづいて、風の様態と意味付けを論じている。広い国土を有するフランス（日本の面積の一・五倍）では、風はその特性によって土地の風土性や地域性を映しだす。民話でとりわけ頻繁に描写されるのは荒れた海であり（嵐と海の結びつき）、風がその威力を人間に見せつける機会となる。嵐にはさまざまな意味が付与される。神による懲罰のしるしであり、自然の強大な力と人間の無力を思い知らせ、物語の主人公たちの活動を助け、冒険物語においては試練や通過儀礼の要素として機能し、ときには驚異と超自然につうじる架け橋になる。要するに、民話における風と嵐の出来事は人生の有為転変を象徴するのだ。続く第四章は、西欧を対象にして味覚、視覚、触覚の観点から雪にたいする感性の変貌をたどってみせる。近代初期には雪を融かした水が愛飲され、それゆえ地中海諸国では雪の搬送と販売が周到に組織されていたこと、雪を描いた風景画は十六世紀のオランダとフランドルで成立し（ブリューゲルなど）、そこでは白い雪が無垢や純潔という宗教的な寓意性を含んでいたことを、読者は知る。二十世紀にはいると、スポーツやレジャーの普及にともなって、雪とスキー滑走が喜びと快楽の源泉になった。

第五章で話題となる霧と靄をめぐる感覚と表象は、風や雪以上に多様だ。十九世紀半ばまで、霧は世界を暗くし、人間の活動を妨げ、危険をもたらし、農作物や家畜に害を及ぼすとして嫌悪されるのが通例だった。続いて現代人が霧についてどのようなイメージをいだいているかを、著者は二百人の成人を対象に実施したアンケート調査に依拠しながら分析する。霧はしばしば不安と悲しみをもたらす現象として捉えられ、放浪、迷宮、山や海での遭難、そして死と結びつく不吉な側面が際立つ。他方、霧に静けさ、休息、平和の象徴を見るのは女性に多いという。いずれの場合も、文学においては霧が二つの世界（現実と幻想、地と天、生者と死者）を隔てる境界線として描かれる。雨、風、雪に比して霧は芸術的な創造性をより豊かに刺激する気象現象であり、画家（フリードリヒやモネ）、作家（ユゴー、アルフォンス・ドーデ、ハーディ）、写真家、映画作家たちは霧とその夢幻的効果に魅せられてきた。

雨、風、雷鳴の混合体である雷雨は激しく、突発的で、予想が難しいため、農産物や市民生活に被害をもたらすという意味で、かつては否定的に見られることが多かった。十八世紀、『百科全書』の時代とともに転機が訪れる。科学的な探究が進み、カントやバークら哲学者によって「崇高美」が定式化されることで、雷雨に美が見いだされるようになる。それはとりわけ絵画の領域に顕著な現象で、その後十九世紀初頭にかけてラウザーバーグ、フリードリヒ、ターナー、ヴォルフといった画家が雷雨に遭遇する旅人、雷雨に翻弄される船、雲海のなかにたたずむ人間を好んで描いた。そこには人間と世界、主体と客体、自然と神の一体化という主題が内包されている。またフランス語の「雷雨 orage」は社会と歴史の動乱のメタファーとして使われることが多い。フランス革命期の重要な事件を語るに際して、十九世紀の歴史家や作家（ミシュレ、シャトーブリアンなど）がこのメタファーを頻繁に使用したのが、その顕著な事例である（第六章）。本章の著者アヌーシュカ・ヴァザックは『気象学——啓蒙期からロマン主義期における空と気候に関する言説』（二〇〇七）という興味深い著作を上梓していることを、付言しておこう。

現代ではさまざまな科学知識、技術、装置の進歩によって、天候から生活への直接的な影響は小さくなっているが、それにもかかわらず天候と天気予報への関心はますます高まっている。その逆説を社会学と心理学の観点から問いかけたのが最終章である。フランス人が天気予報に執着するようになったのは一九六〇年代、余暇と自由時間が増えたことに要因がある。そして天気予報のメディア化がその執着をいっそう煽りたてた。テレビやラジオの予報は言うまでもなく、現代ではインターネット上に熱狂的な気象愛好家のサイトまで存在し、気象の不確実性にたいする苛立ちを募らせる。地球温暖化に代表される気候変動が、そうした苛立ちをさらに増幅させていることは言うまでもない。そして悪天候にたいする耐性の弱さがさまざまな病理を生みだす。季節性うつ病（とくに冬）、季節的な情緒障害、体内リズムの乱れなどが気象と関連づけられ、それらへの対処法がカウンセリングされる時代になった（第七章）。

アラン・コルバンの他の著作との関連性

本書は二〇一三年に刊行された論文集で、アラン・コルバン自身は序文と第一章を担当したに留まるが、天候にたいする人間の感性の歴史を跡付けるという本書全体の試みは、それ以前の、そしてそれ以後のコルバンの仕事と連続性がある。コルバンはこれまで自然の諸要素、それが構成する風景をめぐって多くの著作を公にしてきた。『浜辺の誕生』（一九八八、藤原書店一九九二年）は、十八世紀から十九世紀前半のおもにイギリスとフランスを対象にして、海と海岸風景についての認識と感性がどのように変化したかを探った。嵐や雷雨は「崇高美」や「ピクチャレスク美学」と結びついて、十八世紀後半から十九世紀前半にかけて、海の風景を形成する不可欠な要素である。本書の第六章は雷雨をめぐる科学的言説を読み解き、この時代の海景画における嵐の表現を論じており、『浜辺の誕生』と内容的に響き合う。

講演集『空と海』（二〇〇五、藤原書店二〇〇七年）には、雨や曇りや晴天などの天候に関する文化史を素描する「天候にたいする感性の歴史のために」と題された一章が収められている。そのなかでコルバンは、十九世紀の宗教、科学、医学、美学が、空と気象をどのように読み解いたかを概略的に述べ、気象への感性の歴史がより体系的に発展することを希求していた。本書全体が、いわばその希求への応答と言えるだろう。さらに、みずからが監修し、執筆した『感情の歴史』第二巻（二〇一六、藤原書店二〇二〇年）、第二章「個人の感情と天候」において、コルバンは本書全体をおそらく念頭に置きつつ、気象と感情が近代においていかに微妙な関係を取り結んできたかを、文学作品、哲学者の日記、博物学の著作、絵画に依拠しながら概観してみせた。歴史家の問題意識が一貫していることが、よく分かる。

この十年ほどのコルバン歴史学の大きな特徴のひとつが、きわめて具体的な対象にそくして、自然と環境の文化史を問いかけていることだ。本書と同じ年に出版された『木陰の快さ――感情の源としての樹木、古代から現代まで』（二〇一三、藤原書店近刊）は、古代から現代までという長い時間軸を設定しつつ、樹木と森が西洋人の感情をどのように形成してきたかを分析した美しい書物だし、『草のみずみずしさ』（二〇一八、藤原書店二〇二一年）は、樹木から草（地）に対象を移して、やはり自然と人間の情緒的な関わりを探っている。そして二〇二一年に刊行された『突風とそよ風——風を感じ、夢想する様式の歴史』(藤原書店近刊)は、聖書、神話、叙事詩、さらには近現代の小説と詩を資料にして、風にたいする西洋人の多様な感情のあり方を辿っている。その内容は、本書の第三、六章とはっきり共鳴し、それを補足するものになっている。

本書を構成する七章全体に共通するのは、著者たちが文学作品(とりわけ小説と詩と旅行記)や、作家・哲学者の日記と手紙にしばしば言及していることだろう。気象学的なデータや異常気象の記録は、行政文書や、教会関連の史料や、科学論文のなかに残されているが、そこでは実際に気象条件に対峙した人々のなまの声が響いていないし、人々がそれを具体的にどう感じたかも分からない。主観的なこと、内面的なもの、私的な感覚は公式の文書には記録されないからである。そうしたことを示唆してくれるのは、文学作品、科学啓蒙書、日記、手紙、自伝や回想録などであり、こうして本書の著者たち(歴史家、文学史家、民族学者、地理学者、社会学者)は、本来の専門分野からときに離れてこれらの言説を好んで参照する。日記、手紙、回想録など自己を語るエクリチュール(近年の歴史学ではこれらを「エゴドキュメント」と呼ぶことがある)を重要な証言とみなすのは、近年のコルバンに顕著な特徴と言えるし、それは本書の他の執筆者たちにも共有されている。

今年八十六歳になったアラン・コルバンだが、今も毎年のように新著を世に出しており、その健筆ぶりには驚嘆する。現時点での最新作は『休息の歴史』(二〇二二年三月)で、十七世紀から現代にいたる西洋で「休息 repos」の概念と価値づけがどのように変遷してきたかを興味深く論じている。

最後に翻訳の分担について言えば、序文と第一章を小倉、第二、三章を野田農、第四、五章を足立和彦、そして第六、七章を高橋愛が担当し、その後小倉が全体にわたって目を通して表記の統一と調整を図った。なお原著には人名や日付の点でいくつか誤記が見られたので、訳者の判断で訂正したが、その箇所を訳文中には明示していない。

編集を担当してくださったのは、藤原書店の刈屋琢さんである。原著にはない口絵や人名索引の作成、訳文へのコメントなどでいろいろお世話になった。この場を借りて深い謝意を表する次第である。

二〇二二年七月

訳者を代表して　小倉孝誠

1-2, janvier 2006, p. 497-509.

(50) 実際に、睡眠は、(前述の) 昼／夜のリズムと、覚醒状態中に蓄積されて睡眠中に減少する睡眠圧の影響を受け、生体のバランスを適正に保つ、ホメオスタシスのプロセスが結合した働きによって調整されている。

(51) ブルーライトは白色光よりも有効であろうが、目への危険性がまだはっきりしておらず、用心のために、光療養では使用されていない。

(52) アンナ・ヴィルズ＝ジュスティス博士は、バール大学の時間生物学センター名誉教授である。

(53) 残念ながらすぐに廃れたが、彼女はサン＝タンヌ病院のアキム博士とともに、早朝の散歩をヨーロッパに導入した最初のひとりであった。

(54) しかし、この早朝の散歩は、過眠と無気力を抱える彼らにとって、じつのところ無理なのである。

(55) *À la lumière d'hiver* suivi de *Pensées sous les nuages*, Paris, Gallimard, « Poésie », 1994.

(56) Alain Corbin dans sa préface à Alain Beltran et Patrice Alexandre Carré, *La Fée et la Servante: la société française face à l'électricité, XIX*e*-XX*e *siècle*, Paris, Belin, 1991.

(57) *Téléobs*, 18-24 novembre 2010. 58. *Elle*, 23 octobre 2009.

(59) 生きた土に触れ、日光を浴びて行う作業も組み合わせられる庭園療法は、老人ホームの入所者たちにますます多く提案されている。

(60) イギリス出身の彼女は、ドイツ人の夫のフォン・アルニム伯爵が所有するポメラニアの領地を美化した。Elisabeth von Arnim, *Elisabeth et son jardin allemand*, Paris, 10/18, 1996 (1898).

(61) この祝日は、ルチアが信仰を守り、求婚者を追いはらうために目をえぐったシチリアのシラクサに起源をもつ。Selma Lagerlöf, « Légende de la fête de la Sainte Lucie », *Le Livre de Noël*, Arles, Actes Sud, 1994.

(62) セリア・フォルジェは、北米の移動性文化を研究中に、寒さが到来するとモービルハウスで毎年舞い戻り、冬の時期をフロリダの同じ場所で過ごす、これらの移住民に出会った。Celia Forget, *Vivre sur la route. Les nouveaux nomades nord-américains*, Montréal, Liber, 2012.

(63) Louis Bodin et Bernard Thomasson, *Guide de voyage météo*, Paris, Odile Jacob, 2013.

(64) Georges Limbour, *La Pie voleuse*, Paris, Gallimard, 1939, p. 29.

(65) この表現はキリスト教の最初期にさかのぼり、それからほぼ変化せずに、ルネサンス期の年代記、ついでセヴィニェ侯爵夫人の書簡等で見出されることを想起しておこう。

(66) Colette, *Sido*, 1901.

Starobinski), *Anatomie de la mélancolie*, Paris, José Corti, 2000 [1re édition anglaise 1626].

(32) ミシェル・シフルによって1962年に行われた隔離実験を見よ。

(33) Damien Léger *et alii*, « Prevalence of sleep/wake disorders in persons with blindness », *Clinical Science*, nº 97(2), 1999, p. 193-199.

(34) 現在、脳の視床下部にある視交叉上核は、概日リズムを支配する最高位中枢と考えられている。視交叉上核の周囲に、多数の補助的な、連結する時計が存在するだろう。

(35) ダークホルモン、睡眠ホルモンとも呼ばれる。

(36) ウェルギリウスは人間がニクテメール〔昼と夜を含む24時間の生理的な時間の単位〕のリズムに従属していることをすでに指摘していた。「そして、空にはすでに湿気を含んだ夕闇が迫り、傾きかけた太陽がわれわれを眠りへと誘う」。*L'Énéide*, II, 9.

(37) 本章では「準SAD」の人々、つまり冬とひと悶着を起こす、気象に敏感な人々があらわす社会現象のみを検討する。

(38) 以下を参照。Jean Starobinski, « L'invention d'une maladie », in *L'Encre de la mélancolie*, Paris, Seuil, 2012.

(39) Alain Ehrenberg, *La Fatigue d'être soi*, Paris, Odile Jacob, 1998.

(40) Christophe Granger, *Les Corps d'été. Naissance d'une variation saisonnière*, Paris, Autrement, 2009.

(41) Georges Vigarello, *Le Sain et le Malsain. Santé et mieux-être depuis le Moyen Âge*, Paris, Seuil, 1993. Citation de Cottinet, directeur des écoles en 1883.

(42) Georges Vigarello, *Le Corps redressé. Histoire d'un pouvoir pédagogique*, Paris, Armand Colin, 2001 [1978].

(43) 気候学者は、その温度が25°Cであることを明らかにした。「体感温度」については、体温を下げる風力を考慮に入れる。

(44) « Les saisons dans la ville », *Les Annales de la recherche urbaine*, 1994, nº 61.

(45) このキャッチフレーズは、タイのプーケットにおける「海・太陽・砂・リゾート＆スパ Sea Sun Sand Resort & Spa」のように幾軒かのホテルでまだ掲げられている。一方、バハマは「『バハマ諸島』はひとつのスローガンにおさまらない」のキャッチフレーズで観光の多様化を主張する。www.bahamapundit.com/2010/07/sun sand-and-sea.html.

(46) 以下を参照。 www.infosoleil.com.

(47) Somerset Maugham, *Un gentleman en Asie* (1930), Paris, 10/18, 2000.

(48) Besancenot J.-P., *Climat et tourisme*, Paris, Masson, 1990.

(49) Marc Wittmann, Jenny Dinich, Martha Merrow, Till Roenneberg, « Social Jetlag: Misalignment of Biological and Social Time », *Chronobiology International*, vol. 23, nº

2009, p. 587-596. 前世紀の田舎司祭や年代記作家は、ときに「これらの痛ましい事件が二度と繰り返されないように」証言し、書いた。

(14) ミシェル・トゥルニエの小説『メテオール（気象）』の双子が典型的な方法で物語る不穏である。

(15) その問題に関して、観光客の期待と我慢の限界をめぐる特徴的なケースについては以下を見よ。Jean-Pierre Besancenot, *Climat et tourisme*, Paris, Masson, 1990.

(16) 以下に引用。Anne Vallaeys, *Sale temps pour les saisons*, Paris, Hoëbeke, 1993, p. 10.

(17) Henri Poincaré en 1912, cité par Charles Pierre Péguy, *Jeux et enjeux du climat*, Paris, Masson, 1989, p. 81.

(18) 気候学者がわれわれに語る、「気象のナンセンス」（ジロ＝ペトレ）の悪天候である。打ち明けると、この悪天候こそ、とりわけ冬のあいだ、私が注意を向けているものなのだ。以下を参照。« Éloge du mauvais temps », in *L'Île Carn*, Grâne (Drôme), Créaphis, 2001, p. 201-206.

(19) 以下を参照。Pierre Pachet, *Les Baromètres de l'âme. Naissance du journal intime*, Paris, Hatier, 1990.

(20) *Libération*, 1er mars 2013.

(21) www.alertes-meteo.com/stephane/climat/ann/com 2013. html.

(22) *Le Parisien*, 27 août 2011.

(23) ほかのすべての出典のない引用と同様に、われわれがかつて実施した面接調査。

(24) Théophile Gautier, *Voyage pittoresque en Algérie*, Paris, Genève, Droz, 1973, édité avec une introduction et des notes par Madeleine Cottin.

(25) SAD は「季節性感情障害 Seasonal affective disorder」の略称。フランス語では dépression saisonnière hivernale、略称 DS。

(26) DSM-III-R の略号で知られる。

(27) « Issues for DSM-V: Seasonal Affective disorder and Seasonality », *American Journal of Psychiatry*, 2009, vol. 166, nº 8, p. 852-853.

(28) Claude Even, « Dépression saisonnière », *Encycl. Méd. Chir.*, vol. 127, nº 37, Paris, Elsevier, 2006, p. 1-5 (article 37-480-A-20).

(29) Claude Even, « Photothérapie », *Encycl. Méd. Chir.*, vol. 9, nº 2, Paris, Elsevier, 2012, p. 1-9 (article 37-480-A-10).

(30)「メランコリア」はギリシア語に由来し、〔憂鬱な感情が体内の黒胆汁の過剰な分泌によると考えられていたことから〕melas「黒い」と khole「胆汁」の語が結合している。

(31) Robert Burton (traduit de l'anglais par Bernard Hoepffner, préface de Jean

Études rurales, nº 118-119, 1990).

(2) そして、もちろん科学的発明ではない。科学的発明は、教会法にしたがって、17 世紀末にさかのぼるが、19 世紀後半にユルバン・ル・ヴェリエのような科学者のおかげで実際に発展を遂げる。

(3) この点については、反対推論により、イタリアで今日までテレビの天気予報を担当してきたのが軍服姿の軍人であったことを示しうる。

(4) 本章で展開されるテーマの多くは（とくに会話における天気予報の社会的位置、農業者と天候の関係）、以下の拙著でより詳細に論じているので参照されたい。Martin de La Soudière, *Au bonheur des saisons*, Paris, Grasset, 1999.

(5) エマニュエル・ル＝ロワ＝ラデュリの以下の著作などを参照。Emmanuel Le Roy Ladurie, *Abrégé d'histoire du climat du Moyen Âge à nos jours. Entretien avec Anouchka Vasak*, Paris, Fayard, 2007〔エマニュエル・ル＝ロワ＝ラデュリ『気候と人間の歴史・入門――中世から現代まで』稲垣文雄訳、藤原書店、2009 年〕.

(6) 日刊紙『山』のクレルモン＝フェラン版で 2013 年 4 月 5 日に掲載された以下の記事は、象徴的である。« Juste un, deux, trois... week-ends au soleil. Mauvais temps. Pas facile de traverser l'hiver sans soleil, mais surtout quand il pleut toutes les fins de semaine. »

(7) Les Fêlés de la météo (ancien site); La Météo passionnément (asso.infoclimat.fr) et les forums d'Infoclimat (forums.infoclimat.fr).

(8) これらの徴候については、以下を見よ。Martin de La Soudière, « La météo ou le souci du lendemain: curiosité, obsession, passion ? », in Christian Bromberger (dir.), *Passions ordinaires*, Paris, Bayard, 1998, p. 219-239.

(9) *Géo*, nº 101, juillet 1987.

(10) Jean-Pierre Quélin, « Climatomanie », *Le Monde*, 17 janvier 1995.

(11) Martin de La Soudière et Martine Tabeaud, « Les météophiles sont-ils tous fêlés de records ? », in Jacques Berchtold, Emmanuel Le Roy Ladurie *et alii* (dir.), *Canicules et froids extrêmes. L'événement climatique et ses représentations (II). Histoire, littérature, peinture*, Paris, Hermann, 2012, p. 287-296.

(12) そういうわけで、2013 年 1 月、ブロガーは画像や大仰なコメントを競い合い、それぞれが雪を、彼らのもっとも積もった、もっとも驚くべき雪などを演出して、心ゆくまで楽しんだ。「今朝 8 時 34 分の私の庭の雪を見てください！」

(13) 証言すること、記録することには、さらに別の働きもある。かなり多くの現代人がスケジュール帳や手帳、日記にも、その日の天候を正確に記しているが、彼らが今も行っているとおり、自分の人生の日々の経過を思い出し、痕跡と記憶を留めるという働きがあるのだ。以下を参照。Solange Pinton, « Les humeurs du temps. Journal d'un paysan de la Creuse », *Ethnologie française*, nº 4,

1859; Kaemtz, *Traité de météorologie*, 1831-1836 (traduit en français en 1843); A. Poey, *Relation historique des images photo-électriques de la foudre*, 1861...

(79)「われわれにとっては予測のつかない変化」と明言するカミーユ・フラマリオンは、次のように続けている。「しかし、それらの変化はいくつかの原因によって引き起こされているのだから、実感よりもはっきりしたものなのだ……このうえなく美しい女性の気まぐれも同様である。そうとは気づかずに、彼女は外的、内的要因にしたがっており、見かけほど気まぐれではないのである」。*Les Caprices de la foudre, op. cit.*, p. 97.

(80) G. Goubier-Robert, « De la fulguration sadienne aux foudres républicaines », in *L'Evénement climatique et* ses *représentations, op. cit.*, p. 415-429.

(81) Sade, *Les Infortunes de la vertu, Œuvres*, t. II, Gallimard, Pléiade, 1995, p. 119.

(82) 報告された事柄は、1791 年 8 月 29 日に起こったであろう。『ジュスティーヌあるいは美徳の不幸』の刊行年である。サドは 1787 年に『美徳の不幸』を執筆している。Camille Flammarion, *Les Caprices de la foudre, op. cit.*, p. 89.

(83) *Ibid.*, p. 148-149.

(84) Saint-Charles, *Les Horreurs de la tempête, Terribles catastrophes sur terre et sur mer causées par les ouragans, trombes, typhons, cyclones, etc*. Lille, Maison du Bon Livre et Grammont (Belgique), s. d.

(85) Jean Echenoz, *Des Éclairs*, Paris, Minuit, 2010, p. 8-9〔ジャン・エシュノーズ『稲妻』内藤伸夫訳、近代文藝社、2013 年〕.

(86) ブロンテ姉妹（『ジェーン・エア』、『嵐が丘』、1847 年）やヴィクトル・ユゴーの小説（『海に働く人びと』1866 年、『笑う男』1869 年）、さらにはベートーヴェンの音楽による暴風雨（交響曲第 6 番「田園」の第 4 楽章や、ピアノ・ソナタ第 17 番ニ短調〔通称「テンペスト」〕）などを挙げることができる。

(87) Christophe Suarez sur www.chasseurs-orages.com.

(88) 2013 年 4 月 8 日、フランソワ・オランドはヴァンデ・グローブの勝利者との接見にあたり、その挨拶で、敢然と立ち向かい乗り越えるべき「荒天」の隠喩を展開した。孤独な航海者と、国家という船を操縦する共和国大統領は、同じ闘いに挑んでいるのだ。

第 7 章　どのような天候か？　今日の天気予報――情熱と不安

(1) 本章で、今日の農業者の事例はとくに扱わない。周囲の「気象文化」をますます共有してはいるが、彼らはいわゆる自然との真の関係を託された人々ではなく――それを断言することはロマン主義的な理想化に屈することになるだろう――自然に従属しているので、天候に関わる「感覚」を甘受する人々であり続けている。ジル・ラプージュがいみじくも書くように「農村とは気候が精神力を育てる場なのである」。(« Contribution à une théorie des climats »,

(65) Bernardin de Saint-Pierre, *Vœux d'un solitaire. Pour servir de suite aux Etudes de la nature*, Paris, de l'imprimerie de Monsieur, 1789, p. 5.

(66) Arthur Young, *Voyages en France dans les années 1787, 1788 et 1789*, Paris, 10/18, 1970, p. 159〔アーサー・ヤング『フランス紀行』宮崎洋訳、法政大学出版局、1983 年〕.

(67) Michelet, *Histoire de la Révolution française*, Livre I, chapitre VI « Insurrection de Paris », Paris, Robert Laffont, « Bouquins », 1979, p. 136〔ジュール・ミシュレ『フランス革命史』桑原武夫・多田道太郎・樋口謹一訳、中公文庫、2006 年〕.

(68) *Confédération nationale, ou Récit exact et circonstancié de tout ce qui s'est passé à Paris, le 14 juillet 1790, à la Fédération.* Paris, Garnéry, l'an second de la liberté [1790], cité par Olivier Ritz in « Un 14 juillet sous la pluie: les intempéries de la fête de la Fédération dans la littérature révolutionnaire », in *La Pluie et le beau temps dans la littérature française, op. cit.*, p. 118.

(69) Chateaubriand, *Essai historique, politique et moral sur les révolutions anciennes et modernes, considérées dans leurs rapports avec la Révolution française*, Paris, Gallimard, Bibliothèque de la Pléiade », 1978, p. 15.

(70) われわれの解釈による説は、以下を見よ。*L'Événement climatique et ses représentations, op. cit.*, p. 81-90: « L'orage du 13 juillet 1788, la tempête du 18 brumaire an IX: l'inscription du politique dans le météorologique ».

(71) Lamarck, *Sur la distinction..., op. cit.*

(72) Dubois, *Tableau annuel des progrès de la Physique, de l'Histoire naturelle et des Arts* (1772), cité par Bachelard, *La Formation de l'esprit scientifique*, Paris, Vrin, 1938, édition de poche 1993, p. 33.

(73) バシュラールは、プリーストリーの『電気学史』(1771) を引用している。フランクリンと彼の友人は「蓄電瓶によって起こされた火の前で、電気ショックによって七面鳥を殺した。そして、彼らは、グラスが帯電し、バッテリーが放電して立てる音のもとで、イギリス、オランダ、フランス、ドイツのあらゆる著名な電気学者たちの健康を祈って乾杯した」。*Ibid.*

(74) *La Formation de l'esprit scientifique, contribution à une psychanalyse de la connaissance, op. cit.*

(75) Fabien Locher, *Le Savant et la tempête, op. cit.*, p. 189.

(76)「ポリプトートは、同一文中あるいは総合文中において、同じ語を偶発的なさまざまな形態で用いることである」。Pierre Fontanier, *Les Figures du discours* (1821), Paris, Flammarion, « Champs », 1977, p. 352.

(77) Georges Didi-Huberman, *L'Empreinte du ciel*, essai précédant celui de Camille Flammarion, *Les Caprices de la foudre*, Antigone, 1994, p. 20.

(78) F. Sestier, *De la Foudre, de ses formes et de ses effets*, 1866; Arago, *Tonnerre et foudre*,

(53) Alain Corbin, *Le Territoire du vide. L'Occident et le désir de rivage* (1750-1840), Paris, Aubier, 1988〔アラン・コルバン『浜辺の誕生――海と人間の系譜学』福井和美訳、藤原書店、1992 年〕.

(54) Alain Corbin, *L'Homme dans le paysage, op. cit.*, p. 94.

(55) Caspar Wolf, *Orage et foudre sur le glacier du Grindelwald*, 1774-1775.

(56) Philippe-Jacques de Loutherbourg, *Voyageurs surpris par un orage*, Rennes, musées des Beaux-Arts.

(57) Pierre Wat, *Turner menteur magnifique*, Paris, Hazan, 2010, p. 27.

(58) *Ibid.*

(59) John Ruskin, *Écrits sur les Alpes*, textes réunis et présentés par Emma Sdegno et Claude Reichler, Paris, Presses universitaires de Paris-Sorbonne, 2013, p. 56.

(60)「暴風雨のイメージは、火山のイメージとともに、政治的混乱、とくにフランス革命を表すのにもっともよく用いられた」。Aurelio Principato, « Tourmentes ou déluge: métaphores révolutionnaires chez Chateaubriand », in *L'Événement climatique et ses représentations, op. cit.*, p. 464. 以下も見よ。Olivier Ritz, « L'historien dans la tempête: images de l'écriture de l'histoire chez les premiers historiens de la Révolution (1789-1815) », in Anouchka Vasak (dir.), *Entre deux eaux. Les secondes Lumières et leurs ambiguïtés*, Paris, Le Manuscrit, 2012 et « Un 14 juillet sous la pluie: les intempéries de la fête de la Fédération dans la littérature révolutionnaire », in Karin Becker (dir.), *La Pluie et le beau temps dans la littérature française, op. cit.*, p. 195-212. 以下の拙論も参照されたい。« L'orage du 13 juillet 1788. L'histoire avant la tourmente », *Le Débat*, mai-août 2004.

(61) Jean Bodin, *Les Six Livres de la République*, Paris, 1578. Texte cité, après Jean-Marie Goulemot, par Olivier Ritz, « L'historien dans la tempête: images de l'écriture de l'histoire chez les premiers historiens de la Révolution (1789-1815) », art. cit., p. 309.

(62) Jean-Antoine de Baïf, *Le Premier des Météores*, 1567. Cité par Claude La Charité in « "De l'orage civil forcenant par la guerre": les météores dans la poésie scientifique de Jean-Antoine de Baïf et Isaac Habert », in Thierry Belleguic et Anouchka Vasak (dir.), *Ordre et désordre du monde. Enquête sur les météores de la Renaissance à l'âge moderne*, Paris, Hermann, 2013.

(63)「1788 年の南北の熱い一体性はきわめて重要である。その一体性の根底には、偶然にも革命前の、当年 1788 年の麦の日照りによる焼けを原因とする凶作という全国的特徴があるからだ」。Emmanuel Le Roy Ladurie, *Histoire humaine et comparée du climat. Disettes et révolution 1740-1860*, Paris, Fayard, 2006, p. 150.

(64) Lamoignon de Malesherbes, cité par Valérie André in *Malesherbes à Louis XVI ou Les avertissements de Cassandre: mémoires inédits, 1787-1788*, Paris, Tallandier, 2010.

Ressource disponible sur www.lamarck.cnrs.fr

(39) Nathalie Vuillemin, « Quelques aspects d'un "instrument dramatique": Orages et tempêtes en haute montagne chez les premiers voyageurs du mont Blanc », in *L'Evénement climatique et ses représentations, op. cit.*, p. 185.

(40) Horace-Bénédict de Saussure, lettre à son épouse, 7 juillet 1788. Citée par Nathalie Vuillemin, « Orages et tempêtes en haute montagne », art. cité, p. 186.

(41) Edmund Burke, *Recherches philosophiques sur nos idées du sublime et du beau*, 1757〔エドマンド・バーク『崇高と美の起源』大河内昌訳、研究社、2012 年〕.

(42) Emmanuel Kant, *Critique de la faculté de juger*, « Analytique du sublime », 1790.

(43)「大海で風が波を播き立てている時、陸の上から他人の苦労をながめているのは面白い。他人が困っているのが面白い楽しみだと云うわけではなく、自分はこのような不幸に遭っているのではないと自覚することが楽しいからである」〔ルクレーティウス『物の本質について』樋口勝彦訳、岩波文庫、1961 年、62 頁〕。Lucrèce, *De la nature*, livre II, v. 1 4, Paris, Les Belles Lettres, 1966.

(44) René Démoris, « Les tempêtes de Poussin », in *L'Événement climatique et ses représentations, op. cit.*, p. 233.

(45) Bernardin de Saint-Pierre, *Paul et Virginie*, Paris, Garnier-Flammarion, 1966, p. 157.

(46) Hans Blumenberg (traduit de l'allemand par Laurent Cassagnau), *Naufrage avec spectateur*, Paris, L'Arche, 1997〔ハンス・ブルーメンベルク『難破船』池田信雄・土合文夫訳、哲学書房、1989 年〕.

(47) Jean-Michel Racault, « L'amateur de tempêtes. Physique, métaphysique et esthétique de l'ouragan dans la philosophie de la nature de Bernardin de Saint-Pierre », in *L'Evénement climatique et ses représentations, op. cit.*, p. 200.

(48) Daniel Arasse, *Le Sujet dans le tableau*, Paris, Flammarion, 1997.

(49) Pierre-Henri de Valenciennes, *Éléments de perspective pratique, suivi de Réflexions de conseils à un élève sur la peinture, et particulièrement sur le genre du paysage*, Paris, l'Auteur, an VIII. Cité par Madeleine Pinault-Sørensen in « Orages et tempêtes. Peintures et dessins, deuxième moitié du XVIIIe siècle et début du XIXe siècle », *L'Événement climatique et ses représentations, op. cit.*, p. 264.

(50) Turner, *Tempête de neige. Bateau à vapeur au large d'un port, faisant des signaux et avançant à la sonde en eaux peu profondes. L'auteur se trouvait dans cette tempête la nuit où l'*Ariel *a quitté Harwich.* Exposé à la Royal Academy en 1842.

(51) Claude-Henri Watelet, in Denis Diderot et Jean d'Alembert (dir.), *Encyclopédie ou Dictionnaire raisonné des arts, des sciences et des métiers*, « Effet ». Ressource disponible sur http://portail.atilf.fr/encyclopedie/

(52) Diderot, *« Salon de 1763 »*, in *Essais sur la peinture, Salons de 1759, 1761, 1763*, Paris, Hermann, 2007, p. 227.

des sciences, 1789.

(22) Charles Messier, « L'orage du 13 juillet 1788 », cité par Jean Dettwiller, in « La révolution de 1789 et la météorologie », *Bulletin d'information du ministère des Transports, direction de la Météorologie*, n° 40, juillet 1978.

(23) « Observations faites à Courtrai en Flandre sur l'orage et la grêle qu'on y a essuyés le 13 juillet 1788 », in Théodore Augustin Mann, *Mémoires sur les grandes gelées et leurs effets, op. cit.*, p. 184.

(24) Archives de Montdidier (Somme): www.uni caen.fr/histclime/rech.php.

(25) Jean-Nicolas Buache, Jean-Baptiste Leroi et Alexandre Tessier, « Rapport ou Second Mémoire... », *op. cit.*

(26) *Ibid.*

(27) *Ibid.*, « Extrait d'une lettre de M. l'abbé d'Everlange de Witry, chanoine de Tournai, membre de l'Académie de Bruxelles ».

(28) Emmanuel Le Roy Ladurie, *Histoire du climat depuis l'an mil*, Paris, Flammarion, 1983 [1967], t. I, p. 15〔エマニュエル・ル＝ロワ＝ラデュリ『気候の歴史』稲垣文雄訳、藤原書店、2000 年〕.

(29) Jean-Nicolas Buache, Jean-Baptiste Leroi et Alexandre Tessier, « Rapport ou second mémoire », *op. cit.*

(30) Fabien Locher, EHESS, 18 avril 2013.

(31) Pierre Alexandre, *Le Climat en Europe au Moyen Âge. Contribution à l'histoire des variations climatiques de 1000 à 1425, d'après les sources narratives de l'Europe occidentale*, Paris, éditions de l'EHESS, p. 13. Cité par Muriel Collart dans son introduction à Théodore Augustin Mann, *Mémoires sur les grandes gelées et leurs effets, op. cit.*, p. 37.

(32) Jean-Patrice Courtois, « Montesquieu et Rousseau ou la transaction de la Genèse », in *L'Événement climatique et ses représentations (XVIIe-XIXe siècles)*, Paris, Desjonquères, 2007, p. 166.

(33) Johann Wolfgang von Goethe (traduit de l'allemand par Bernard Groethuysen), *Les Souffrances du jeune Werther*, Paris, Gallimard, « Folio », 1973, p. 53.

(34) *Ibid.*

(35) Gaston Bachelard, *La Formation de l'esprit scientifique*, Paris, Vrin, 1993 [1938], p. 26〔ガストン・バシュラール『科学的精神の形成――対象認識の精神分析のために』及川馥訳、平凡社ライブラリー、2012 年〕.

(36) Claude Reichler, « Air, orages et météores au tournant du XVIIIe siècle », in *L'Événement climatique et ses représentations, op. cit.*, p. 144.

(37) Jean-Paul Schneider, « De l'orage châtiment au chaos maîtrisé », in *L'Événement climatique et ses représentations, op. cit.*, p. 126.

(38) Jean-Baptiste Monet, chevalier de Lamarck, *Annuaire météorologique pour l'an XIII.*

(12) 1776年8月22日から23日までの雷雨に関する報告。Archives nationales du Morbihan, programme Histclime de l'université de Caen, Emmanuel Garnier *et alii:* www.uni caen.fr/histclime/rech.php.

(13) « Recueil d'observations sur l'orage du 13 juillet 1788, avec les principales circonstances qui l'accompagnaient dans les Pays-Bas autrichiens et les Provinces-Unies », in Théodore Augustin Mann, *Mémoires sur les grandes gelées et leurs effets*, présenté par Muriel Collart, Paris, Hermann, 2012, p. 182.

(14) Alain Rey *et alii* (dir.), *Dictionnaire historique de la langue française*, Paris, Le Robert, 1992, « Orage ».

(15)「雷の矢は、雷によって放たれ、矢柄が四面になった大弓の矢のように刺突して人々の命を奪うと17世紀初頭に信じられていた、想像の産物である。ロオは『物理学概論』(1671) で、この矢を発見するために尽くしたあらゆる努力が徒労に帰したことを肯定的に語り、雷とは打たれると落命する特別な火にちがいないとの結論を出している。広義には、雷自体が雷鳴を指す」(Émile Littré, Dictionnaire de la langue française, Paris, Hachette, 1873-1877, « Carreau ».)。以下も見よ。「雷すなわち四角矢は、このうえなく頑丈な建造物を一瞬で倒壊させ、燃焼し、もっとも固い物体を溶かす物質の類いで、その影響は規模のみならず特異性によっても奇跡を思わせる」(Cotte, *Traité de météorologie*, Paris, 1774, « Foudre »)。

(16) Denis Diderot et Jean d'Alembert (dir.), *Encyclopédie ou Dictionnaire raisonné des sciences, des arts et des métiers*, Paris, Briasson, 1751-1782, « Orage (Poésie) ». Ressource disponible sur http://portail.atilf.fr/encyclopediel

(17) Martin de La Soudière, « Lothar, Martin et leurs complices: Une peur peut en cacher une autre », in *Tempêtes sur les Landes, op. cit.*, p. 184.

(18) エマニュエル・ガルニエは「記憶のなかで共存する可能性を残さず、新しい気候事象が先立つ事象を消し去ろうとする除去の過程」を強調する。« Cinq siècles de tempêtes dans les forêts françaises », in *Tempêtes sur les Landes, op. cit.*, p. 64. エマニュエル・ガルニエは、次の共著論文にも依拠している。« The Meteorological framework and the cultural memory of three severe winter-storms in early eighteenth century Europe », *Climatic change*, nº 101, juillet 2010, p. 281-310.

(19) René Descartes, *Météores*, « Discours septième: Des tempêtes, de la foudre, et de tous les autres feux qui s'allument en l'air », in *Œuvres de Descartes*, édition de Victor Cousin, Paris, Levrault, t. IV, 1824, p. 264.

(20) Jean-Nicolas Buache, Jean-Baptiste Leroi et Alexandre Tessier, « Rapport ou Second Mémoire sur l'orage à grêle du dimanche 13 juillet 1788 », *Mémoires de l'Académie des sciences*, Paris, Imprimerie du Pont, 1797.

(21) Alexandre Tessier, « Mémoire sur l'orage du 13 juillet 1788 », *Mémoires de l'Académie*

第6章　雷雨の気配

(1) アラン・コルバンによると、「多様な感覚性」はロマン主義的な風景の特徴のひとつである。Alain Corbin, *L'Homme dans le paysage*, Paris, Textuel, 2001, p. 31〔アラン・コルバン『風景と人間』小倉孝誠訳、藤原書店、2002年〕.

(2) Martine Tabeaud, « Les orages en Île-de-France: définition et gestion préventive des risques », in Martine Tabeaud (dir.), *Les Orages dans l'espace francilien*, Paris, Publications de la Sorbonne, 2000, p. 13.

(3) 科学史家ファビアン・ロシェは、1854年11月14日における、いわゆるル・ヴェリエの暴風雨について研究した際、天気予報の歴史をたどった。ル・ヴェリエがパリ天文台長に任命され、とりわけ1862年にマリエ＝ダヴィが天文台の気象業務主任になってから、「天候のメディア文化に関する変化」がみられる。以後、1863年12月から、天文台より毎日発表される天気図と天気予報を経るようになったのである。現在、われわれの天候の認識は「総観的な予測」に特徴づけられる。初期の「予想」図は、1876年の『プチ・ジュルナル』紙に発表されている。Fabien Locher, *Le Savant et la Tempête. Étudier l'atmosphère et prévoir le temps au XIXe siècle*, Presses universitaires de Rennes, 2008, chap. V, et séminaire « perception du climat », EHESS, 18 avril 2013. 以下も見よ。Martine Tabeaud, « Concordance des temps. De Le Verrier à Al Gore », 2008: www.espacestemps.net/articles/concordance-des-temps/

(4) Martine Tabeaud, « Les orages en Île-de-France », art. cit., p. 18.

(5) Fabien Locher, 18 avril 2013, EHESS.

(6) トゥールーズで発生した2012年4月30日のトルネード、ヴァンデ県とマルセイユにおける2012年10月14日の「小型トルネード」、ストラスブールのシャトー・ド・プルタレスで2001年7月6日に起きた「小さな風の息」……。

(7) Patrick Prado, « Paysage après tempête. Les retombées d'une catastrophe naturelle: ordre et désordre dans le culturel, in *Tempêtes sur la forêt landaise, histoires, mémoires*, Langon, L'Atelier des Brisants, 2011, p. 161.

(8) Jean-Baptiste Lamarck, *Sur la distinction des tempêtes d'avec les orages, les ouragans, etc. Et sur le caractère du vent désastreux du 18 brumaire an IX.* Lu à l'Institut national le 11 frimaire an IX: www.lamarck.cnrs.fr.

(9) Emmanuel Garnier, « Cinq siècles de tempêtes dans les forêts françaises », in *Tempêtes sur les Landes, op. cit.*, p. 55.

(10) 以下による。Martine Tabeaud (dir.), *Île-de-France avis de tempête force 12*, Paris, Publications de la Sorbonne, 2003, p. 22.

(11) ファビアン・ロシェは「暴風雨に関する論争」の歴史をたどった。*Le Savant et la Tempête, op. cit.*, p. 113.

ス『神統記』廣川洋一訳、岩波文庫、1984 年〕.
(39)『マルコによる福音書』9、7.
(40) André-Marie Gérard et Andrée Nordon-Gérard, *Dictionnaire de la Bible*, Paris, Robert Laffont, 1989, p. 1017.
(41) Hésiode, *Les Travaux et les Jours, La Théogonie*, Paris, Arléa, 1995, p. 67.
(42) Bernard Sergent, *Les Indo-Européens, Histoire, langues, mythes*, Paris, Bibliothèque historique Payot, 1995, p. 355.
(43) Jacques Le Goff, *La Naissance du Purgatoire*, Paris, Gallimard, 1981, p. 395〔ジャック・ル・ゴッフ『煉獄の誕生』渡辺香根夫・内田洋訳、法政大学出版局、1988 年〕.
(44) *Le Journal de bord de saint Brendan à la recherche du Paradis*, Éditions de Paris, 1957, p. 170.
(45) Jean Delumeau, *La Peur en Occident*, Paris, Fayard, 1978, p. 90.
(46) Mary Webb, *Sarn*, Paris, Grasset, 1955, p. 114.
(47) Boris Vian, *Romans, nouvelles, veuvres diverses*, Paris, Livre de poche, 1991, p. 765-772〔『ボリス・ヴィアン全集 7　人狼』長島良三訳、早川書房、1979 年〕.
(48) Thomas Hardy, *Tess d'Uberville*, Paris, Éditions de la Sirène, 1924, p. 113〔トマス・ハーディ『テス』(上下) 井上宗次・石田英二訳、岩波文庫、1960 年〕.
(49) H. F. Arnold, « Dépêche de nuit », in Jacques Sadoul, *Les Meilleurs Récits de Weird Tales*, vol. I, Paris, J'ai Lu, 1975, p. 103-111.
(50) Oscar Wilde, *Le Déclin du mensonge*, Paris, Complexe, 1986, p. 67〔「嘘の衰退」西村孝次訳『オスカー・ワイルド全集』第 4 巻、青土社、1981 年〕.
(51) Ch'ien Wen-shih, in François Cheng, *Souffle-Esprit*, Paris, Le Seuil, 1989, p. 115.
(52) James McNeill Whistler (traduit de l'anglais par Stéphane Mallarmé), *Ten o'clock*.
(53) Paul Sébillot, *La Mer fleurie*, Paris, Alphonse Lemerre éditeur, 1903, p. 116.
(54) Guy de Maupassant, *Apparitions et autres contes d'angoisse*, Paris, Garnier-Flammarion, 1987, p. 96-97.
(55) Ismail Kadaré, *La Légende des légendes*, Paris, Flammarion, 1995, p. 270-271.
(56) Paul Hazard, *Les Livres, les Enfants et les Hommes*, Paris, Hatier, 1967〔ポール・アザール『本・子ども・大人』矢崎源九郎・横山正矢訳、紀伊國屋書店、1957 年〕.
(57) Robert Vautard, Pascal Yiou, Geert Jan van Olden borgh, « Decline of Fog, Mist and Haze in Europe over the Past 30 Years », *Nature Geoscience*, nº 2, 2009, p. 115-119.
(58) Alphonse Daudet, *Contes du lundi*, « Un teneur de livres »〔アルフォンス・ドーデ『月曜物語』桜田佐訳、岩波文庫、1959 年〕.
(59) René Chaboud, *La Météo, questions de temps*, Nathan, 1993, p. 228.

Tempêtes, Paris, G. Charpentier et Cie, 1887, p. 67.

(19) Clémentine Chasles, *Les Représentations du brouillard dans la littérature anglaise à l'époque victorienne (1837-1901)*, mémoire de maîtrise, université Paris I, 2005, p. 21.

(20) Charles Ferdinand Ramuz, *Si le soleil ne revenait pas*, Lausanne, L'Âge d'Homme, 1989, p. 70〔シャルル=フェルディナン・ラミュ『もし太陽が戻らなければ』佐原隆雄訳、国書刊行会、2018 年〕.

(21) 括弧に入れている出典を示していない語は、アンケートの結果によるものである。

(22) 霧の悪臭を表すこれらの形容詞はギィ・ド・モーパッサンの手になる。Guy de Maupassant, *Pierre et Jean*, Paris, Gallimard, « Folio », 1982, p. 118〔モーパッサン『ピエールとジャン』杉捷夫訳、新潮文庫、1952 年〕.

(23) Anatole Le Braz, *Magies de Bretagne*, Paris, Robert Laffont, 1994, p. 793.

(24) *Ibid.*, p. 810.

(25) Anne-Claude Philippe de Caylus, « La Princesse Lumineuse », *Féeries nouvelles*, t. II, La Haye, 1741, p. 123-124.

(26) Henri Beugras, *Le Brouillard*, Talence, L'Arbre vengeur, 2013, p. 32.

(27) Guy de Maupassant, *Sur l'eau*, cité par Louis Dufour in *Le Brouillard dans la littérature française*, Bruxelles, Institut royal météorologique de Belgique, 1978, p. 6〔『モーパッサン短篇選』高山鉄男訳、岩波文庫、2002 年〕.

(28) Charles-Ferdinand Ramuz, *L'Homme perdu dans le brouillard*, Lausanne, L'Âge d'homme, 1989, p. 377〔『ラミュ短篇集』スイス・ロマンド文化研究会編、夢書房、1998 年〕.

(29) Umberto Eco, *Comment voyager avec un saumon. Nouveaux pastiches et postiches*, Paris, Grasset, 1997, p. 266.

(30) Jean Chevalier, Alain Gheerbrant, *Dictionnaire des symboles*, Paris, Robert Laffont, 1982, p. 149.

(31) Pascale Olivier, *Un chant sur la terre*, Paris, Le Divan, 1951, p. 214.

(32) John Ruskin, *Sur Turner*, Jean Cyrille Godefroy, 1983, p. 248.

(33) 霧についての私の研究の一環で、1996 年に行われたインタビュー。

(34) Aristote, *Les Météorologiques*, livre I, chap. IV, cité par Jean-Claude Lebensztejn in *L'Art de la tache*, Chalon-sur-Saône, Éditions du Limon, 1990, p. 97.

(35) Pierre Le Loyer, *Le Livre des spectres ou Apparitions et visions d'esprit, anges et démons se montrant péniblement aux hommes*, Angers, Georges Neveu, 1536.

(36) Patrice Bollon, Philippe Marchetti, « Voyage aux sources du brouillard », *Ça m'intéresse*, nº 192, février 1992.

(37) Henri Gougaud, *La Bible du hibou*, Paris, Seuil, 1993, p. 245.

(38) Hésiode, *Les Travaux et les Jours, La Théogonie*, Paris, Arléa, 1995, p. 31〔ヘシオド

第５章　霧を追いかけて

(1) météore は雨、風、虹などの大気の現象を指す語である。

(2) この表現に対立するのは「抜け目のない《デブルイヤール》」、すなわち霧《ブルイヤール》の外にいるというのが原義である。「靄《ブリューム》のなかにいる」という表現は存在しない。

(3) F'murr, *Le Génie des alpages, sabotage et pâturage*, Paris, Dargaud, 1995, p. 3-4.

(4) Victor Hugo, *Les Travailleurs de la mer*, Paris, Garnier Flammarion, 1980, p. 215〔ヴィクトル・ユゴー『海に働く人びと　小ナポレオン』金柿宏典・佐藤夏生・庄司和子訳、潮出版社、2001 年〕.

(5) *Ibid.*, p. 302.

(6) Gavin Pretor-Pinney, *Le Guide du chasseur de nuages*, Paris, Jean-Claude Lattès, 2007, p. 102.

(7) Victor Hugo, *Alpes et Pyrénées.* この隠喩は次の書にも見られる。Mme de Witt, *Au-dessus du lac*, Paris, Hachette, 1889, p. 116. レマン湖上でランベール一家を舟に乗せている船頭が、「帽子とコート」をまとったピラトゥス山を見ただけで、天気が変わるのを認める。

(8)「山」を表すギリシア語の接頭辞 oros より。

(9) 十字架をめぐるこの出来事はマルタン・ド・ラ・スディエールの好奇心をそそり、彼はそれを物語っている。Martin de La Soudière, *Poétique du village. Rencontres en Margeride*, Paris, Stock, 2010.

(10) Aristote, *Les Météorologiques*, Paris, Vrin, 1976, p. 49〔『アリストテレス全集 6　気象論・宇宙について』内山勝利・神崎繁・中畑正志翻訳、岩波書店、2015 年〕.

(11) Cité par Louis Dufour in *Quelques considérations historiques sur le sens météorologique des termes brumes et brouillard*, Bruxelles, Institut royal météorologique de Belgique, 1964, p. 1.

(12) Alain Corbin, *Le Miasme et la Jonquille*, Paris, Flammarion, 1986, p. 25〔アラン・コルバン『においの歴史〈新版〉――嗅覚と社会的想像力』山田登世子・鹿島茂訳、藤原書店、1990 年〕.

(13) Cité par Alain Corbin, in *Le Territoire du vide. L'Occident et le désir du rivage, 1750-1840*, Paris, Aubier, 1988, p. 173〔アラン・コルバン『浜辺の誕生――海と人間の系譜学』福井和美訳、藤原書店、1992 年〕.

(14) James Lovelock, *Les âges de Gaïa*, Paris, Robert Laffont, 1990, p. 185〔J・ラヴロック『ガイアの時代　地球生命圏の進化』星川淳訳、工作舎、1989 年〕.

(15) Pierre de Lancre, *Tableau de l'inconstance des mauvais anges et démons*, Paris, Aubier, 1982, p. 145.

(16) すでに亡くなったロアレ県の農婦テレーズ・F による、2002 年。

(17) Collectif, *La Grande Encyclopédie*, Paris, H. Lamirault et Cie éditeurs, 1885-1902.

(18) Paul Sébillot, *Légendes, croyances et superstitions de la mer*, série II, *Les Météores et les*

(43) イヴ・モラルはジュラ地方におけるスポーツ文化史について博士論文を執筆した。Yves Morales, *Une histoire culturelle des sports d'hiver. Le Jura français des origines aux années 1930*, Paris, L'Harmattan, 2007.

(44) もっとも、エルヴェ・ギュミュシアンは村人たちが冬のあいだに移動していたことを示しているが、彼の研究は少し後の時代についてのものである。以下の詳細な研究を参照。Hervé Gumuchian, *La Neige dans les Alpes françaises du Nord. Une saison oubliée: l'hiver*, Grenoble, éditions Cahiers de l'Alpe, 1982.

(45) ここで想起するのはダヴィド・マッカランのテキストである。David Mc Callam, « Face à la mort blanche: conceptions du froid extrême dans les avalanches et dans les neiges au XVIIIe siècle », in Jacques Berchtold, Emmanuel Le Roy Ladurie *et alii* (dir.), *Canicules et froids extrêmes. L'événement climatique et ses représentations (II). Histoire, littérature, peinture*, Paris, Hermann, 2012, p. 97-108. 執筆中のフロリー・ジャコナの博士論文も参照。Florie Giacona, « Pour une géo-histoire de la neige et des avalanches en moyenne montagne. Analyse pluridisciplinaire dans le Massif vosgien du XVIIIe siècle à nos jours ». さらにまたしてもピエール・マニャンのあまりにも早くに忘れられた小説『奇異な夜明け』(*Aube insolite*) の中の、岩場の溝によって外界から遮断された村の見事な描写も。

(46) René Favier, « La mort blanche », *L'Alpe*, nº 51, p. 14-19. ただし、大災害の専門家である著者は、雪崩はそれほど殺人的ではないことを指摘している。

(47) Yves Ballu, *L'Hiver de glisse et de glace*, Paris, Gallimard, 1991.

(48) Yves Morales, *op. cit.*, p. 27.

(49) たとえばエロディ・マニエの博士論文を参照。Elodie Magnier, *Neige artificielle et ressource en eau en moyenne montagne: impacts et problèmes environnementaux. L'exemple des Préalpes du nord (France, Suisse)*, université de Lausanne et université de Paris-IV.

(50) Cité par Yves Ballu, *op. cit.*

(51) Victor Hugo, « L'Expiation », in *Œuvres poétiques*, t. II, Paris, Gallimard, p. 136-146.

(52) Georges Rodenbach, *Du silence. Poésies*, Paris, Alphonse Lemerre, 1888, poème XV. Cité in Philippe Kaenel et Dominique Kunz Westerhoff, *op. cit.*, p. 214.

(53) Alain Borne, *Neige et vingt poèmes*, Les Angles, Pierre Seghers, 1941, poème XLI, repris dans *Œuvres poétiques complètes*, Poët-Laval, Curandera. Cité in Philippe Kaenel et Dominique Kunz Westerhoff, *op. cit.*, p. 228.

(54) Gilles Lapouge, *op. cit.*, p. 47.

(55) Philippe Kaenel et Dominique Kunz Westerhoff, *Neige blanc papier. Poésie et arts visuels à l'âge contemporain*, Genève, Metispresse, 2012.

Frédérique Rémy, *Histoire de la glaciologie*, Paris, Vuibert, 2007.

(27) Johannes Kepler (traduit de l'allemand par Robert Halleux), *L'Étrenne ou la neige sexangulaire*, Paris, Vrin, 1975, p. 56.

(28) ドイツ語でnichts《ニヒツ》は「無」を表す。

(29) Martine Bubb, *La Camera obscura, philosophie d'un appareil*, Paris, L'Harmattan, 2010.

(30) Wolfgang Stechow, « The Winter Landscape in the History of Art », *Criticism*, nº 2, 1960, p. 175-189.

(31) この主題についてはジルベール・デュランが専門家である。ガストン・バシュラールに捧げられた魅惑的な記事を参照。Gilbert Durand, « Psychanalyse de la neige », *Mercure de France*, nº 1080, août 1953, p. 615-639.

(32) Pierre Reverdy, *La Lucarne ovale.*

(33) Gilles Lapouge, *Le Bruit de la neige*, Albin Michel, 1996, p. 30.

(34) Martin de La Soudière, « Les couleurs de la neige », *Ethnologie française*, nº 20, 1990, p. 428-438.

(35) ピエール・マニャンの小説の多くは雪崩についての見事な描写を含んでいる。引用は次による。Pierre Magnan, *Commissaire dans la truffière*, Paris, Gallimard, « Folio », 2004, p. 86.

(36) とくに次を参照。Claude Henri-Rocquet, *Bruegel, la ferveur des hivers*, Paris, Fleurus, 1993, ou Gérald Collot, introduction au catalogue d'exposition *Couleurs de neige* (17 janvier-19 mars 1992) au Musée savoisien de Chambéry, Chambéry et Genève, Albert Skira, 1992.

(37) なかでも次を参照。Emmanuel Le Roy Ladurie, *Histoire humaine et comparée du climat* (t. I), Paris, Fayard, 2004; Christian Pfister, *Wetternachhersage. 500 Jahre Klimatvariationen und Naturkatastrophen, 1496-1995*, Berne, Haupt, 1999 et Jan Buisman, *Duizend jaar weer. Wind en water in de Lage Lan den* (t. 4), La Haye, Wijnen-KNMI, 2000.

(38) 冬の晩の読書に（あるいは夏の晩、寒さを懐かしむ人に）。Alexis Metzger, *Plaisirs de glace. Essai sur la peinture hollandaise hivernale du Siècle d'or*, Paris, Hermann, 2012.

(39) もう一度次を参照。Gilbert Durand, art. cité, p. 631.

(40) Danièle Alexandre-Bidon, « Les jeux et sports d'hiver au Moyen Âge et à la Renaissance », in *Jeux, sports et divertissements au Moyen Âge et à l'âge classique*, Chambéry, éditions du CTHS, 1993, p. 142-156.

(41) « Sports d'hiver », *Journal de Pontarlier*, 1909.

(42) Maurice Leblanc, « Contes du soleil et de la pluie. Sports d'hiver », *L'Auto*, 23 janvier 1906.

山田登世子・鹿島茂訳、藤原書店、1990 年〕.

(9) Alberto Grandi, « Le bien-être frais. La consommation de glace et de neige en Europe du XVᵉ au XIXᵉ siècle », intervention proposée lors du Comité franco-italien d'histoire économique (AFHESISE) à Lille les 4 et 5 mai 2007. この資料を渡してくれたマルティーヌ・タボーに感謝を。

(10) この引用、および続く引用については、Robert Maggiori, « Comment s'est propagée l'habitude de boire frais ? » dans *Libération*, 13 janvier 1995（グザヴィエ・ド・プラノールの書籍についての書評）。

(11) Fernand Braudel, *La Méditerranée. L'espace et l'histoire*, Paris, Flammarion, 1985, p. 33〔フェルナン・ブローデル『地中海〈普及版〉』（全 5 分冊）浜名優美訳、藤原書店、2004 年〕.

(12) Montaigne, *Journal de voyage en Italie*, Paris, Le Livre de poche, 1992, p. 199〔『モンテーニュ旅日記』関根秀雄・斎藤広信訳、白水社、1992 年〕.

(13) Xavier de Planhol, *L'Eau de neige. Le tiède et le frais: histoire et géographie des boissons fraîches*, Paris, Fayard, 1995.

(14) *Ibid.*, p. 59.

(15) *Ibid.*

(16) Ada Acovitsióti-Hameau, « La glace-neige du Ventoux: une ressource forestière des communes du Piémont », *Forêt méditerranéenne*, nº 30, vol. I, 2009, p. 43-46. 著者は氷と雪の商取引に関する専門家である。

(17) Alberto Grandi, *op. cit.*

(18) Lando Scotoni, « Raccolta e commercio della neve nel circondario delle 60 miglia », *Rivista Geografica Italiana*, nº 79, mars 1972, p. 60-70. Cité par Alberto Grandi, *op. cit.*

(19) Giani Ottonello, *Le neviere a Masone e dintorni: strumenti e attrezzi per la trasformazione della neve in ghiaccio*, Genève, 2000. Cité par Alberto Grandi, *op. cit.*

(20) Jean-Robert Pitte, « À la fraîche, à la glace ! », *La Géographie*, nº 1532, p. 48-51.

(21) Xavier de Planhol, *L'Eau de neige. Le tiède et le frais: histoire et géographie des boissons fraîches*, Paris, Fayard, 1995.

(22) 愛好家に欠かせないのはヴァール県マゾーグにある氷の博物館である。www.museeglace.fr.st.

(23) Anne Cablé et Martine Sadion (dir.), *Les Neiges. Images, textes et musiques* (catalogue d'exposition du musée de l'Image d'Épinal), Épinal, 2011, p. 8.

(24) Fleur Vigneron, *Les Saisons dans la poésie française des XIVᵉ et XVᵉ siècles*, Paris, Honoré Champion, 2002, p. 361.

(25) *Ibid.*, p. 369.

(26) 雪に対するこの生まれたばかりの関心についての詳細は、CNRS の科学史の専門家にして研究主任であるフレデリック・レミの著作に詳しい。

place dans les milieux géographiques ?, Paris, Publications de la Sorbonne, 2005, p. 27-34.
(36) Michel Cosem, « La chasse du Roi Arthur », *Contes traditionnels de Gascogne, op. cit.*, p. 132.
(37) Paul Sébillot, *Le Folklore de la France*, Paris, Imago, 2006.
(38) Michel Cosem, « Le semeur de vent », *Contes traditionnels du Languedoc, op. cit.*, p. 65-66.
(39) www.nyons.com/decouvrir/patrimoine/legende-locale. htm

第４章　雪を味わい、雪を眺め、雪に触れる

(1) Charles-Pierre Péguy, *La Neige*, Paris, Presses universitaires de France, 1968, p. 9.
(2) Philippe Vadrot, « La neige dans tous ses états: un métissage d'imaginaires de la glisse et de la forme », in ethnographiques.org, nº 10, juin 2006: www.ethnogra phiques.org/2006/Vadrot.html.
(3) 言葉の愛好者のために２点を挙げる：Martin de La Soudière, « Petit abécédaire de l'hiver », in *L'Alpe*, nº 51, p. 56-63 et *Id.*, « Bouran, Burle, Blizzard. Quand souffle la saison », in Martine Tabeaud et Alexandre Kislov (dir.), *Le Changement climatique. Asie septentrionale, Amérique du Nord*, Allonzier-la-Caille, Eurcasia, 2011, p. 165-170. もっとも、雪を描写するためのフランス語の語彙は、イヌイットの用いる用語（あるいは分類）の豊かさに比べれば貧弱に見えることを指摘しておこう。ベアトリス・コリニョンがそのことを 2008 年 12 月 18 日のセミナー「気候の知覚」のなかで述べている。Béatrice Collignon, « Neiges et glace chez les Inuits (Canada) » : www.perceptionclimat.net/seminaire.php?id=40. また、ケイト・ブッシュのアルバム『雪のための 50 の言葉』と比べても貧弱であろう！
(4) Philippe Vadrot, *art. cit.*
(5) 3 点挙げておこう。Esther Katz, Annamaria Lammel et Marina Goloubinoff, *Entre ciel et terre. Climats et sociétés*, Paris, Ibis presse, 2003; Martin de La Soudière, *L'hiver. À la recherche d'une morte-saison*, Paris, La Manufacture, 1987; et le numéro spécial de la revue *Ethnologie française*: « Météo. Du climat et des hommes », vol. 39, nº 4, Paris, Presses universitaires de France, 2009. 社会科学高等研究院で、気候の知覚について毎年開催されているセミナーも参照のこと。www.perceptionduclimat.net.
(6) それぞれアラン・コルバン（歴史家）、クロード・レクレール（文学研究者）、リディ・ゲルドネール（地理学者）の著作を参照のこと。
(7) 確かに、ヨーロッパの外――カナダ、ロシア、日本……における雪についての感覚・感性についても言うべきことはたくさんあるだろう。次の冬の旅行先とするべきだろうか。
(8) Alain Corbin, *Le Miasme et la Jonquille*, Paris, Flammarion, 1982, « avant-propos », p. II〔アラン・コルバン『においの歴史〈新版〉――嗅覚と社会的想像力』

(17) Françoise Rachmulh, « Le vieil homme et l'ondine », *Contes traditionnels d'Alsace, op. cit.*, p. 133.
(18) Michel Cosem, « Le taureau de Saturnin », *Contes traditionnels de Gascogne, op. cit.*, p. 144.
(19) Jean Muzi, « Le noyer de la tour », *Contes traditionnels de Savoie*, Milan, « Mille ans de contes », 1997, p. 10.
(20) Claude Clément, « Le vent prisonnier », *Contes traditionnels de Provence, op. cit.*, p. 58-59.
(21) Françoise Rachmulh, « La sirène des Éloux », *Contes traditionnels de Vendée, op. cit.*, p. 39.
(22)「うねり（houle)」とは遠い沖合に吹く風によって引き起こされる海面の波の動きのことである。
(23) Françoise Rachmulh, « Les trois vagues » puis « La repentie », *Contes traditionnels d'Aunis Saintonge, op. cit.*, p. 123 et 36.
(24) Évelyne Brisou-Pellen, « Les Morgans de l'île d'Oues sant », *Contes traditionnels de Bretagne, op. cit.*, p. 35-36.
(25) Nicolas Schoenenwald et Martine Tabeaud, *Terriens et Iliens face aux tempêtes, Cahier d'études Forêt, environnement et sociétés, XVI-XXe siècles*, n° 19, Paris, CNRS, 2009, p. 22-27.
(26) Claude Clément, « Le vent prisonnier », *Contes traditionnels de Provence, op. cit.*, p. 55.
(27) *Ibid.*, p. 58.
(28) Claude Clément, « Le pont d'Avignon », *Contes traditionnels de Provence, op. cit.*, p. 11.
(29) Jean Muzi, « Les journées prêtées », *Contes traditionnels de Corse, op. cit.*, p. 139.
(30) Évelyne Brisou-Pellen, « Le voyage à Paris », *Contes traditionnels de Bretagne, op. cit.*, p. 21.
(31) Françoise Rachmulh, « Le moulin de Saint-Marmé », *Contes traditionnels d'Aunis Saintonge, op. cit.*, p. 64.
(32) Claude Clément, « Le vent prisonnier », *Contes traditionnels de Provence, op. cit.*, p. 58.
(33) Évelyne Brisou-Pellen, « Jean des Pierres », *Contes traditionnels de Bretagne, op. cit.*, p. 54.
(34) Michel Cosem, « Le conte de La Fleur », *Contes traditionnels du Languedoc, op. cit.*, p. 23-24.
(35) Nicolas Schoenenwald et Martine Tabeaud, « Des regards sur le ciel, une constante dans les religions », in Paul Arnould et Éric Glon (dir.), *La nature a-t-elle encore une*

biométéorologie et l'homme », *ibid.*, n° 41, 1956, p. 1-19.
(66) *Sondages*, n° 2, 1964.
(67) Jean Merrien, « Le désastre: le mauvais temps », in *Le Livre des vacances*, t. II, Paris, Robert Laffont, 1966, p. 45-50.
(68) « Et vive la pluie ! », *Paris Match*, 26 juillet 1973, p. 83.

第３章　言葉を越え、風を越え

(1) 嵐とは激しい風によって特徴づけられる大気の攪乱である。
(2) 古フランス語において、ore は風を意味し、そこから orage という語が派生した。
(3) Michel Cosem, « Le marchand de cages », *Contes traditionnels du Languedoc*, Milan, « Mille ans de contes », 1995, p. 49.
(4) Michel Cosem, « Le pont de Mas Cabardès », *Contes traditionnels du Languedoc, op. cit.*, p. 81.
(5) Claude Clément, « Le vent prisonnier », *Contes traditionnels de Provence*, Milan, « Mille ans de contes », 1994, p. 56-58.
(6) Jean Muzi, « Le saphir magique », *Contes traditionnels de Corse*, Milan, « Mille ans de contes », 1996, p. 69-70.
(7) Michel Cosem, « Le chêne de Ria », *Contes traditionnels des Pyrénées*, Milan, « Mille ans de contes », 1991, p. 42.
(8) Jacques Cassabois, « La dernière fête de Damvau thier », *Contes traditionnels de Franche-Comté*, Milan, « Mille ans de contes », 1997, p. 119.
(9) Évelyne Brisou-Pellen, « Les Korils », *Contes traditionnels de Bretagne*, Milan, « Mille ans de contes », 1997, p. 10.
(10) Évelyne Brisou-Pellen, « Les oreilles », *Contes traditionnels de Bretagne, op. cit.*, p. 78.
(11) Michel Cosem, « La bête du Gévaudan », *Contes traditionnels du Languedoc, op. cit.*, p. 158.
(12) Michel Cosem, « Le vin nouveau », *Contes traditionnels de Gascogne*, Milan, « Mille ans de contes », 1996, p. 107.
(13) Françoise Rachmulh, « Mélusine et le sire de Châtelaillon, *Contes traditionnels d'Aunis Saintonge*, Milan, « Mille ans de contes », 1997, p. 50.
(14) Françoise Rachmulh, « Frau Berchta », *Contes traditionnels d'Alsace*, Milan, « Mille ans de contes », 1995, p. 61.
(15) Françoise Rachmulh, « La Ganipote sur l'escarpolette, *Contes traditionnels d'Aunis Saintonge, op. cit.*, p. 11.
(16) Françoise Rachmulh, « Histoire d'Aufredi », *Contes traditionnels d'Aunis Saintonge, op. cit.*, p. 24.

Rennes, Presses universitaires de Rennes, 2008; ここにおける私の関心については以下を見よ。: *Id.*, « Le rentier et le baromètre. Météorologie "savante" et météorologie "profane" au XIXᵉ siècle », *Ethnologie française*, nº 4, 2009.

(48) Paul Laurencin, *La Pluie et le beau temps. Météorologie usuelle*, Paris, Rothschild, 1874, p. 2.

(49) Camille Flammarion, *Dans le ciel et sur la terre. Tableaux et harmonies*, Paris, Marpon et Flammarion, 1887, p. 171-173.

(50) Ernest Hareux, *Cours complet de peinture à l'huile. L'art, la science, le métier du peintre*, Paris, Laurens, 1901, p. 103-104: « Le plein soleil ou le paysage éclairé de face ».

(51) G. Bruno (Augustine Fouillée), *Francinet. Livre de lecture courante*, Paris, 1885, p. 23.

(52) Henri Ferté, *Cours élémentaire de composition française*, Paris, Hachette, 1890, p. 128-129.

(53) David Herbert Lawrence, « Soleil », in *L'Amazone fugitive*, Paris, Stock, 1976 (1928), p. 77-100.

(54) Pierre Laurier, « Soleil », *La Revue Ford*, juin 1935, p. 38-39.

(55) Roger Ribérac, *Amours de plage*, Paris, Figuière, 1934, p. 29-30.

(56) Paul Morand, « Les nourritures solaires », repris dans *Le Républicain orléanais*, septembre 1935.

(57) Léon-Paul Fargue, *Déjeuners de soleil*, Paris, Gallimard, 1942, p. 107-114.

(58) Colette, « Beauté d'été », *Femina*, août 1932, p. 30 31.

(59) Henri Duvernois, *Beauté*, Paris, Flammarion, 1929, p. 142-143. Pour Albert Camus: « L'été à Alger » [1938], repris dans *Noces*, Paris, Gallimard, 1959, p. 33-52.

(60) Docteur Mouriquand, *Clinique et météorologie*, Paris, Masson, 1932; docteur Ernest Huant, *Système neurovégétatif et radiations ultra-violettes*, Paris, thèse de médecine, 1933; docteur Nguyen-Bach, *Insolation et action du soleil en matière d'hygiène corporelle*, Paris, thèse de médecine, 1934.

(61) « Le médecin doit faire campagne pour les bains de soleil », *La Clinique*, juillet 1927, B., p. 341-344.

(62) « De l'abus du soleil », *Journal des praticiens*, 21 novembre 1931; et docteur Roffo, « Cancer et soleil », *Académie de médecine*, 18 décembre 1934.

(63) Maurice Maeterlinck, *Passez l'été sur la Côte d'Azur, il n'y pleut pas !*, Paris, Barreau, 1938, p. 5-6.

(64) *Réalités*, juin 1969, p. 86-91; Alain Laurent, « Le thème du soleil dans la publicité des organismes de vacances », *Communication*, nº 10, 1967, p. 35-50.

(65) R. Clausse et A. Guerout, « La durée des précipitations, indice climatique ou élément de climatologie touristique », *La Météorologie*, nº 37, 1955, p. 1-9; Henri Berg, « La

p. 329 345.

(31) Louis Cotte, *Mémoire sur la météorologie*, Paris, 1788; et Jean-Baptiste Fellens, *Manuel de météorologie, ou Explication théorique et démonstrative des phénomènes connus sous le nom de météores*, Paris, Roret, 1833, p. 36-61.

(32) Bernardin de Saint-Pierre, *Études de la nature*, Paris, 1784-1788, étude X.

(33) Paul-Henri Dietrich d'Holbach, *Variétés littéraires, ou Recueil de pièces, tant originales que traduites, concernant la Philosophie, la Littérature et les Arts*, t. IV, *Hymne au soleil*, Paris, Xarouet, 1804, p. 305-310.

(34) Hugues Laroche, *Le Crépuscule des lieux. Aubes et crépuscules dans la poésie française du XIXe siècle*, Aix-en Provence, Presses universitaires de Provence, 2007.

(35) Philippe Boutry, « Les mutations des croyances », in Jacques Le Goff et René Rémond (dir.), *Histoire de la France religieuse*, t. III, Paris, Seuil, 2001 [1991], ici p. 450-453.

(36) Paul Sébillot, *Traditions et superstitions de la Haute Bretagne*, Paris, Maisonneuve et Larose, 1882, t. II, p. 347 366 (« Les météores »), ici p. 363.

(37) Docteur Édouard Monneret, *Traité d'hygiène, ou Règles pour la conservation de la santé, comprenant l'hygiène générale, l'hygiène des enfants et les moyens de prévenir les épidémies*, Paris, Delloye, 1857, p. 78-79.

(38) Jules Michelet, *La Femme*, Paris, Calmann-Lévy, 1879 [1859], p. 73-79 (« Le soleil, l'air et la lumière »)〔ジュール・ミシュレ『女』大野一道訳、藤原書店、2004 年〕.

(39) Docteur Adolphe Bonnard, *La Santé par le grand air*, Paris, Baillière et fils, 1906.

(40) これら全ての点に関しては以下を参照。 Christophe Granger, *Les Corps d'été. Naissance d'une variation saisonnière*, Paris, Autrement, 2009, et *Id.*, « (Im)pressions atmosphériques. Histoire du beau temps », *Ethnologie française*, nº 1, 2004, p. 123-127.

(41) Guy de Maupassant, A*u soleil*, Paris, Havard, 1888, *passim*.

(42) Émile Zola, *Une page d'amour*, Paris, Charpentier, 1878, p. 48, 215-216〔エミール・ゾラ『愛の一ページ』(ゾラ・セレクション 4) 石井啓子訳、藤原書店、2003 年〕.

(43) この点に関する分析は以下を参照。 Jean-Pierre Richard, *Proust et le monde sensible*, Paris, Seuil, 1974, p. 63-67 (« L'ensoleillé »).

(44) フォアサック医師による以下の著作の中での報告。 Docteur Pierre Foissac, *Hygiène des* saisons, Paris, Baillière, 1884.

(45) Émile Théotime, *L'Art de conserver, améliorer sa santé, d'après la méthode et les communications de M. le curé de Bouloc*, Agen, V. Lenthéhirc, 1877, p. 70.

(46) *Ibid.*, p. 127; et docteur Auguste Benoist de la Grandière, *Notions d'hygiène à l'usage des instituteurs et des élèves des écoles normales primaires*, Paris, Delahaye et Cie, 1877, p. 101.

(47) Fabien Locher, *Le Savant et la Tempête. Étudier l'atmosphère et prévoir le temps*,

révolutions météorologiques, Paris, Capelle, 1845, p. 308-310.

(16) Hérodote, *L'Enquête*, Paris, Gallimard, 1964, IX, 122, p. 445.

(17) Docteur Jean-Baptiste Pamard, *Topographie physique et médicale d'Avignon et de son territoire*, Avignon, J. J. Niel, 1801; docteur Abel Gobillot, *Topographie médicale de Cambrai*, Paris, V. Goupy et Jourdan, 1885; et docteur Joseph Daquin, *Topographie médicale de la ville de Chambéry et de ses environs*, Chambéry, M. F. Gorrin, 1787.

(18) Docteur Joseph Fuster, *Des maladies de la France dans leurs rapports avec les saisons, ou Histoire médicale et météorologique de la France*, Paris, Dufart, 1840.

(19) Docteur Philippe Pinel, « Vésanies ou aliénations de l'esprit », *Nosographie philosophique, ou la méthode de l'analyse appliquée à la médecine*, Paris, Maradan, an VI (1797), t. 2, p. 8-9.

(20) Jean-Georges Cabanis, *Rapports du physique et du moral de l'homme*, Paris, Baillière, 1844 (1802], p. 366.

(21) Charles-Augustin Vandermonde, *Essai sur la manière de perfectionner l'espèce humaine, op. cit.*, p. 71-72.

(22) Docteur Pierre Foissac, *De l'influence des climats sur l'homme*, Paris, Baillière, 1837, p. 244.

(23) *Ibid.*, p. 56.

(24) Docteur Désiré Lechaptois, *L'Hygiène des familles*, Paris, Valin, 1840, p. 97.

(25) Chevalier de Jaucourt, « Soleil », in Denis Diderot et Jean d'Alembert (dir.), *Encyclopédie, ou Dictionnaire raisonné des sciences, des arts et des métiers*, Neuchâtel, 1751-1765, t. XV, p. 315. 以下のリンク先より参照可能。 http://por tail.atilf.fr/encyclopediel. より広い観点に関しては、以下を見よ。 Anouchka Vasak, *Météorologies. Discours sur le ciel et le climat des Lumières au romantisme*, Paris, Honoré Champion, 2007.

(26) Jean-François de Saint-Lambert, *Les Saisons. Poème*, Paris, Salmon, 1823 [1750], p. 17.

(27) *Ibid.*, p. 69-70.

(28) このテクストの重要性に関しては以下を参照。 Robert Mauzi, *L'Idée du bonheur dans la littérature et la pensée françaises au XVIIIe siècle*, Paris, Armand Colin, 1960.

(29) Thomas Burnet, *The Sacred Theory of Earth*, Londres, 1684 [1681], livre I, chap. XI.

(30) Antoine Pluche, *Le Spectacle de la nature, ou Entretiens sur les particularités de l'histoire naturelle qui ont paru les plus propres à rendre les jeunes gens curieux et à leur former l'esprit*, t. I, Paris, Guérin, 1875 [1732-1750], p. 47, 279, 376, 280, 402 et 290. なお、この主題に関する最近の研究として以下の著作がある。Guilhem Armand, « *Le Spectacle de la nature* ou l'esthétique de la révélation », *Dix-Huitième siècle*, nº 45, 2013,

(4) Pierre Bailly, *Questions naturelles et curieuses, contenans diverses opinions problématiques recueillies de la médecine, tou chant le régime de santé, où se voient plusieurs proverbes populaires, fort plaisans et récréatifs qui se proposent journellement en compagnie, curieusement recherchées & résolues*, Paris, Bilaine, 1628, p. 76-82.

(5) Antoine Porchon, *Les Règles de la santé, ou le Véritable régime de vivre, que l'on doit observer dans la santé et dans la maladie*, Paris, Villery, 1684, p. 3.

(6) ピエール・バイイの次の著作から引用した推奨の言葉。Pierre Bailly, *Questions naturelles et curieuses, op. cit.* Même chose, un siècle plus tard, chez Charles-Augustin Vandermonde, *Essai sur la manière de perfectionner l'espèce humaine*, Paris, Vincent, 1756.

(7) Nicolas Lemery, *Le nouveau recueil de curiositez rares, nouvelles des plus admirables effets de la nature et de l'art, composé de quantité de beaux secrets galans, dont quelque uns ont été tirez du cabinet de feu Monsieur le marquis de l'Hôpital*, Paris, van der Aa, 1685, p. 149, et aussi p. 61-62 et 263 264 de l'édition augmentée de 1709.

(8) Hippocrate, *Airs, eaux, lieux*, Paris, Payot, 1996, cité p. 63-64; éclairante généalogie dans la préface de Ginevra Bompiani, « Le Sublime et son climat », p. 9-44.

(9) Georges Vigarello, *Le Sain et le Malsain. Santé et mieux être depuis le Moyen Âge*, Paris, Seuil, 1993, p. 149-155.

(10) より完全な議論に関しては以下の文献を参照。Benjamin Rumford, *Mémoires sur la chaleur*, Paris, Firmin Didot, 1805; voir aussi Antoine Boin, *Dissertation sur la chaleur vitale, comprenant un examen des théories qui ont paru jusqu'ici, et l'exposition d'une explication différente*, Paris, an X [1802]; Claude Servais-Matthias Pouillet, *Mémoire sur la chaleur solaire, sur les pouvoirs rayonnants et absorbants de l'air atmosphérique et sur la température de l'espace*, Paris, Bachelier, 1838.

(11) John Arbuthnot, *Essais des effets de l'air sur le corps humain*, Paris, J. Barois, 1742, p. 9-10. 気候に関するアリストテレス的な読解の源泉に関しては以下を参照。Wladimir Jankovic, *Reading the Skies: A Cultural History of English Weather, 1650-1820*, Chicago, University of Chicago Press, 2001.

(12) Jan Ingenhousz, *Expériences sur les végétaux, spécialement sur la propriété qu'ils possèdent à un haut degré, soit d'améliorer l'air quand ils sont au soleil, soit de la corrompre la nuit, ou lorsqu'ils sont à l'ombre*, Paris, P. Fr. Didot, 1787 1789 [1777].

(13) Jean-Jacques Rousseau, *Émile, ou De l'éducation*, Paris, Hachette, 1882 [1762], p. 84-85.

(14) Thomas Tredgold, *Principes de l'art de chauffer et d'aérer les édifices publics, les maisons d'habitation, les manufactures, les hôpitaux, les serres, etc.*, Paris, Bachelier, 1825, p. 13 et p. 296.

(15) Docteur Joseph Fuster, *Des changements dans le climat de la France. Histoire de ses*

文をあげておこう。最近では2012年3月、ケ・ブランリー博物館で雨に関する展覧会が開催された。その展覧会はとりわけ雨から身を守る方法、雨に関連する儀式、その表象、特に雨と豊作や豊饒性の結びつきを示してくれた。もちろん、多様な文化と宇宙進化論によって神聖化された雨のことも看過されていない。

(35) これらの点については次を参照のこと。Lucian Boia, *L'Homme face au climat. L'imaginaire de la pluie et du beau temps*, Paris, Les Belles Lettres, 2004.

(36) Cf. Emmanuel Garnier, « Sécheresses et canicules avant le Global Warming, 1500-1950 », in Jacques Berchtold, Emmanuel Le Roy-Ladurie *et alii* (dir.), *Canicules et froids extrêmes. L'événement climatique et ses représentations (II). Histoire, littérature, peinture*, Paris, Hermann, 2012, p. 297-327.

(37) 19世紀に雨傘はとても流行したので、カンタル地方やリムーザン地方南部の移民集団の活動がその商いで維持されたほどである。彼らは自ら「雨傘商人」と称していた。私は彼らを調査しようとしたことがある。

(38) これらの点に関しては、パトリック・ボマンによる総括がある。Patrick Boman, *Dictionnaire de la pluie, op. cit., passim.*

(39) Alain Corbin, *Archaïsme et modernité au XIXe siècle*, Paris, Marcel Rivière, 1975, et PULIM, 2000, t. I, chap. V: « L'ampleur de la déchristianisation et la fidélité aux pratiques archaïques ».

(40) Alain Corbin, *Les Cloches de la terre. Paysages sonores et cultures sensibles dans les campagnes au XIXe siècle*, Paris, Albin Michel, 1994 (rééd. Flammarion, 2000)〔アラン・コルバン『音の風景』小倉孝誠訳、藤原書店、1997年〕.

(41) Vincent Combe, « Désastres climatiques et représentations symboliques du Déluge », in Karin Becker (dir.), *La Pluie et le beau temps..., op. cit.*, p. 287-303.

(42) Alain Corbin, *Le Monde retrouvé de Louis-François Pinagot, Sur les traces d'un inconnu*, Paris, Flammarion, 2008, p. 298〔アラン・コルバン『記録を残さなかった男の歴史』渡辺響子訳、藤原書店、1999年〕.

(43) 本書208-233頁参照。

第2章　太陽、あるいは気楽な天気の味わい

(1) *Bulletin municipal officiel de la ville de Paris*, 6 mars 1915, p. 478; 27 septembre 1921, p. 4112; et 28 avril 1928, p. 2072.

(2) この主題に関してはMartin de La Soudièreの以下の優れた著作を見よ。*Au bonheur des saisons. Voyage au pays de la météo*, Paris, Grasset, 1999.

(3) Roland Barthes, « Le temps qu'il fait », in *Roland Barthes par lui-même*, Seuil, 1975, p. 178〔ロラン・バルト『ロラン・バルトによるロラン・バルト』石川美子訳、みすず書房、2018年〕.

いる。とはいえその後では「私は喜んで、お前の音に静かに耳を傾けよう」と締め括る。

(14) *Les Carnets de Léonard de Vinci*, Paris, Gallimard, 1942, t. II, p. 235.

(15) Cf. Marine Ricord, « “Parler de la pluie et du beau temps” dans la *Correspondance* de Mme de Sévigné », in Karin Becker (dir.), *La Pluie et le beau temps..., op. cit.*, p. 169-195.

(16) Mme de Sévigné, *Correspondance*, t. I, 23 août 1671, Paris, Gallimard, coll. « La Pléiade », 1972, p. 329; 次の論考で分析されている。Marine Ricord, *art. cit.*, p. 188.

(17) 次で引用されている。Guillaume Gonnot, in « Comme il pleut sur la ville: Verlaine et la poétique de la grisaille », in Karin Becker (dir.), *La Pluie et le beau temps..., op. cit.*, p. 263.

(18) *Ibid.*, p. 260.

(19) *Ibid.*, p. 264.

(20) 次で引用されている。Patrick Boman, in *Dictionnaire de la pluie, op. cit.*, p. 113.

(21) André Gide, *Journal*, Paris, Gallimard, coll. « La Pléiade », 15 janvier 1906 et 12 février 1912, t. I.

(22) Olivier Ritz, « Un 14 juillet sous la pluie: les intempéries de la fête de la Fédération dans la littérature révolutionnaire », in Karin Becker (dir.), *La Pluie et le beau temps..., op. cit.*, p. 195-213. 続く引用はこの論考からの抜粋である。

(23) Alain Corbin et Nathalie Veiga, « Le Monarque sous la pluie. Les voyages de Louis-Philippe 1er en province (1831-1833) », in *La Terre et la Cité. Mélanges offerts à Philippe Vigier*, Paris, Créaphis, 1994.

(24) *Ibid.*, p. 223.

(25) *Ibid.*

(26) *Ibid.*

(27) Nicolas Mariot, *Conquérir unanimement les cœurs, usages politiques et scientifiques des rites: le cas du voyage présidentiel en province, 1888-1998*, thèse, EHESS, 1999.

(28) Cf. Stéphane Audoin-Rouzeau, *14-18, Les combattants des tranchées*, Paris, Armand Colin, 1986.

(29) *Ibid.*, p. 37-38.

(30) *Ibid.*, p. 37.

(31) *Ibid.*, p. 38.

(32) *Ibid. L'Argonaute*, 1er juin 1916, cité p. 38.

(33) *Ibid.*

(34) この点についてはポール・セビヨ、アルノルド・ヴァン・ジェネップ、マルク・ルプルー、そして1960-70年代に刊行された地方史に関する博士論

原　注

第１章　雨の下で

(1) 以下の引用も含めて、出典は次のとおり。Bernardin de Saint-Pierre, *Études de la nature*, rééd. Publications de l'université de Saint-Étienne, 2007, p. 465.

(2) Joseph Joubert, *Carnet*, daté de 1779 à 1783. Cf. Alain Corbin, « Le corps et la construction du paysage », *Kwansei Gakuin University Advanced Social Research*, vol. 4, septembre 2006.

(3) Pierre Henri Valenciennes, *Réflexions et conseils à un élève sur la peinture et particulièrement sur le genre du paysage*, La Rochelle, s. d., p. 42-43.

(4) William Gilpin, *Observations sur la rivière Wye*, Presses universitaires de Pau, 2009, p. 47.

(5) Barbara Maria Stafford, *Voyage into Substance, Art, Science, Nature, and the Illustrated Travel Account, 1760-1840*, Cambridge HTT Press, 1984〔バーバラ・M・スタフォード『実体への旅――1760-1840 年における美術、科学、自然と絵入り旅行記』高山宏訳、産業図書、2008 年〕.

(6) Charles Darwin, *Voyage d'un naturaliste autour du monde*, Paris, La Découverte, 2003, p. 31.

(7) Pierre Hadot, « Il y a de nos jours des professeurs de philosophie mais pas de philosophes... », in Michel Granger (dir.), *Henry D. Thoreau*, Cahier de L'Herne, 1994, p. 189.

(8) Henry David Thoreau, *Journal, 1837-1861*, mars 1840, p. 37 et 38.

(9) Walt Whitman cité par Patrick Boman, in *Dictionnaire de la pluie*, Paris, Le Seuil, 2007, p. 371.

(10) Cf. Claude Reichler, « Météores et perception de soi: un paradigme de la variation liée », in Karin Becker (dir.), *La Pluie et le beau temps dans la littérature française*, Paris, Hermann, 2012, p. 228 *sq.* メーヌ・ド・ビランの日記からの引用は p. 232, 233.

(11) 次の著作で引用されている。Karin Becker (dir.), in *La Pluie et le beau temps...*, *op. cit.*, p. 38.

(12) 体感とは、内的感覚の全体に由来する器質的な感受性を指す。そしてこの内的感覚の全体が、人間のうちに、諸感覚の特異な役割とは無関係に全体的な存在感をもたらす。

(13) 逆にコールリッジ〔イギリスの詩人、1772-1834〕のほうは「雨のオード」において戯れ口調で、煩わしい客が早く帰るよう雨が止んでほしいと書いて

Xavier de Planhol, *L'Eau de neige. Le tiède et le frais: histoire et géographie des boissons fraîches*, Paris, Fayard, 1995.

« Les saisons dans la ville », *Les Annales de la recherche urbaine*, n° 61, 1994.

Pierre Sansot, « Jamais la météorologie n'abolira le hasard. Le chariot des quatre saisons à Narbonne », *Études rurales*, n° 118-119.

Nicolas Schoenenwald et Martine Tabeaud, « Des regards sur le ciel, une constante dans les religions », in Paul Arnould et Éric Glon (dir.), *La nature a-t-elle encore une place dans les milieux géographiques ?*, Paris, Publications de la Sorbonne, 2005, p. 27-34.

Nicolas Schoenenwald et Martine Tabeaud, « "*The Night of the Big Wind*" (6-7 janvier 1839): une tempête inscrite dans la mémoire collective de toute l'Irlande », *Met Mar*, n° 212, Paris, Météo France, p. 16-19, 2006.

Nicolas Schoenenwald et Martine Tabeaud, « Terriens et îliens face aux tempêtes », *Cahier d'études Forêt, environnement et sociétés, XVIe-XXe siècles*, n° 19, Paris, CNRS, 2009, p. 22-27.

Jean Starobinski, « L'invention d'une maladie », in *L'Encre de la mélancolie*, Paris, Seuil, 2012.

Martine Tabeaud, « Qui sème le vent récolte la tempête », in Andrée Corvol (dir.), *Tempêtes sur la forêt française, XVIe-XXe siècle*, Paris, L'Harmattan, 2005, p. 35-46.

Anne Vallaeys, *Sale temps pour les saisons*, Paris, Hoëbeke, 1993.

Anouchka Vasak, *Météorologies: discours sur le ciel et le climat, des Lumières au romantisme*, Paris, Honoré Champion, 2007.

Georges Vigarello, *Le Sain et le Malsain. Santé et mieux-être depuis le Moyen Âge*, Paris, Seuil, 1993.

David Vinson, « Histoire d'un vent, le Pontias, entre mythes et réalités », *Revue drômoise*, n° 521, 2006, p. 14-24.

Flandre) », *Études rurales*, n° 177, janvier-juin 2006, p. 121-136.

Hervé Gumuchian, *La Neige dans les Alpes françaises du Nord. Une saison oubliée, l'hiver*, Grenoble, édition des Cahiers de l'Alpe, 1984.

Luke Howard, *Sur les modifications des nuages* (1803), trad. et éd. par Anouchka Vasak, Paris, Hermann, 2012.

Philippe Kaenel et Dominique Kunz Westerhoff, *Neige blanc papier. Poésie et arts visuels à l'âge contemporain*, Genève, Metispresse, 2012.

Pascal Kober (dir.), *Mon pays, c'est l'hiver, L'Alpe*, n° 51, hiver 2011.

Catherine Laborde, *Le mauvais temps n'existe pas*, Paris, Éditions du Rocher, 2005.

Gilles Lapouge, « Contribution à une théorie du climat », *Études rurales*, « La météo. Pour une anthropologie du temps qu'il fait », n° 118-119, 1990.

Gilles Lapouge, *Le Bruit de la neige*, Paris, Albin Michel, 1996.

Martin de La Soudière, « La météo ou le souci du lendemain », in Christian Bromberger (dir.), *Passions ordinaires. Du match de football au concours de dictée*, Paris, Bayard, 1998, p. 219-239.

Martin de La Soudière, *L'Hiver. À la recherche d'une morte saison*, Paris, La Manufacture, 1987.

Martin de La Soudière, *Au bonheur des saisons. Voyage au pays de la météorologie*, Paris, Grasset, 1999.

Martin de La Soudière, « Éloge du mauvais temps », in Hervé Jézéquel (dir.), *L'ile Carn, rencontre en bordure du temps*, Grâne (Drôme), Créaphis, 2001, p. 201-206.

Martin de La Soudière, « Y a plus d'saisons », in Martine Tabeaud (dir.), *Le Changement en environnement*, Paris, Publications de la Sorbonne, 2009, p. 88-91.

Martin de La Soudière et Nicole Phelouzat, « Les mois noirs. Dépression saisonnière et photothérapie: approche anthropologique », *Méandres. Recherches et soins en santé mentale*, Le Havre, UCID-Hôpital Pierre Janet, n° 8, 2001, p. 7-63.

Martin de La Soudière et Nicole Phelouzat, « Approche sociologique de la dépression saisonnière hivernale », *Psychiatrie, sciences humaines et neurosciences*, 2007, 1re partie, vol. 5, n° 3, p. 153-161; 2e partie, vol. 5, n° 4, p. 204-211.

Martin de La Soudière et Martine Tabeaud (dir.), « Météo. Du climat et des hommes », *Ethnologie française*, n° 4, 2009.

Emmanuel Le Roy Ladurie, *Abrégé d'histoire du climat du Moyen Âge à nos jours. Entretiens avec Anouchka Vasak*, Paris, Fayard, 2007〔E・ル＝ロワ＝ラデュリ『気候と人間の歴史・入門』稲垣文雄訳、藤原書店、2009 年〕.

Pascal Ory, *L'Invention du bronzage*, Paris, Complexe, 2008.

Charles-Pierre Péguy, *La Neige*, Paris, Presses universitaires de France, 1968.

Charles-Pierre Péguy, *Jeux et enjeux du climat*, Paris, Masson, 1989.

文献一覧

Yves Ballu, *L'Hiver de glisse et de glace*, Paris, Gallimard, 1991.

Karin Becker (dir.), *La Pluie et le beau temps dans la littérature française. Discours scientifiques et transformations littéraires du Moyen Âge à l'époque moderne*, Paris, Hermann, 2012.

Thierry Belleguic et Anouchka Vasak (dir.), *Ordre et désordre du monde: enquête sur les météores, de la Renaissance à l'âge moderne*, Paris, Hermann, 2013.

Jacques Berchtold, Emmanuel Le Roy Ladurie, Jean-Paul Sermain (dir.), *L'Événement climatique et ses représentations (XVIIe-XIXe siècle): histoire, littérature, musique et peinture*, Paris, Desjonquères, 2007.

Jacques Berchtold, Emmanuel Le Roy Ladurie, Jean-Paul Sermain et Anouchka Vasak (dir.), *L'Événement climatique et ses représentations: histoire, littérature, musique et peinture*, vol. 2: Canicules et froids extrêmes, Paris, Hermann, 2012.

Lucian Boia, *L'Homme face au climat: l'imaginaire de la pluie et du beau temps*, Paris, Les Belles Lettres, 2004.

Anne Cablé et Martine Sadion (dir.), *Les Neiges. Images, textes et musiques* (catalogue d'exposition du musée de l'image d'Épinal), Épinal, 2011.

Jean-Philippe Chassany, *Dictionnaire de météorologie populaire*, Paris, Maisonneuve et Larose, 1989.

J. Damien, « Le vent: deux conceptions anciennes », *La Météorologie*, série VI, nº 32, mars 1983.

Pierre Deffontaines, *L'Homme et l'hiver au Canada*, Paris, Gallimard, 1957.

Gilbert Durand, « Psychanalyse de la neige », *Mercure de France*, nº 1080, août 1953, p. 615-639.

Jean-Claude Flageollet, *Où sont les neiges d'antan ? Deux siècles de neige dans le massif vosgien*, Nancy, Presses universitaires de Nancy, 2005.

Christophe Granger, *Les Corps d'été. Naissance d'une variation saisonnière*, Paris, Autrement, 2009.

Claude Gronfier et Laurent Chneiweiss, *En finir avec le blues de l'hiver et les troubles du rythme veille/sommeil*, Paris, Marabout, 2008.

Jean-Paul Guérin et Hervé Gumuchian, *Pourquoi les sports d'hiver ? Mythologies et pratiques*, Grenoble, Institut de géographie alpine, 1978.

Marie-France Gueusquin, « Des vents, des espaces et des hommes (Provence, Cotentin,

マ　行

ヤ　行

ラ　行

タ　行

ナ　行

ハ　行

サ　行

人名索引

本文および訳注の中の人名と，その人物の著書・
音楽・絵画作品名を採り五十音順で配列した。

ア 行

カ 行

アヌーシュカ・ヴァザック（Anouchka Vasak）　［第6章］
フランス文学科准教授。主な著作に『気象学——啓蒙期からロマン主義期における空と気候に関する言説』（シャンピオン社、2007年）、ルーク・ハワードのエッセイ『雲の変化について』の翻訳校訂版（エルマン社、2012年）。エルマン社の「気象学」叢書の共同主任。

マルタン・ド・ラ・スディエール（Martin de La Soudière）　［第7章］
国立科学研究センターの民族学者で、多くの著作と冬に関する映画の作者。近著に『村の詩学——マルジュリードの出会い』（ストック社、2010年）。

ニコル・フルザ（Nicole Phelouzat）　［第7章］
社会学者、国立科学研究センター文書係。

訳者紹介（掲載順）

小倉孝誠（おぐら・こうせい）→監訳者紹介参照　［序文、第1章］

野田 農（のだ・みのり）　［第2・3章］
1981年生。早稲田大学理工学術院准教授。専門はエミール・ゾラ及びフランス自然主義文学。2017年、京都大学大学院文学研究科博士後期課程研究指導認定退学。2020年、ソルボンヌ・ヌーヴェルパリ第3大学博士。著書に『受容と創造における通態的連鎖——日仏翻訳学研究』（共著、新典社、2021年）など。主な論文に *La représentation du paysage urbain dans* Les Rougon-Macquart（博士論文、未刊）、« L'espace urbain et les figures féminines dans *L'Assommoir* et *Maggie : A Girl of the Streets* »（*Eikasia - revista de filosofia*, nº 92, 2020, [revue en ligne : https://www.revistadefilosofia.org/92-08.pdf]）などがある。

足立和彦（あだち・かずひこ）　［第4・5章］
1976年生。名城大学法学部准教授。専門は19世紀フランス文学。2009年、大阪大学大学院文学研究科博士後期課程単位修得退学。2012年、パリ第4大学文学博士。著書に『フランス文学小事典　増補版』（共著、朝日出版社、2020年）、『即効！　フランス語作文——自己紹介・メール・レシピ・観光ガイド』（共著、駿河台出版社、2015年）、『モーパッサンの修業時代——作家が誕生するとき』（水声社、2017年）など。また訳書にパジェス『フランス自然主義文学』（白水社文庫クセジュ、2013年）がある。

高橋 愛（たかはし・あい）　［第6・7章］
1975年生。法政大学社会学部准教授。専門は19世紀フランス文学。大阪大学大学院文学研究科博士後期課程修了。文学博士（大阪大学）。論文に「ゾラにおけるモニュメントを見る眼」（『CORRESPONDANCES コレスポンダンス——北村卓教授・岩根久教授・和田章男教授退職記念論文集』所収、朝日出版社、2020年）など。著書に『フランス文学小事典　増補版』（共著、朝日出版社、2020年）など、訳書に『セザンヌ＝ゾラ往復書簡　1858-1887』（共訳、法政大学出版局、2019年）、パジェス『ドレフュス事件——真実と伝説』（共訳、法政大学出版局、2021年）がある。

編者紹介

アラン・コルバン（Alain Corbin）

1936年フランス・オルヌ県生。カーン大学卒業後、歴史の教授資格取得（1959年）。リモージュのリセで教えた後、トゥールのフランソワ・ラブレー大学教授として現代史を担当（1972-1986）。1987年よりパリ第1大学（パンテオン＝ソルボンヌ）教授として、モーリス・アギュロンの跡を継いで19世紀史の講座を担当。現在は同大学名誉教授。

“感性の歴史家”としてフランスのみならず西欧世界の中で知られており、近年は『身体の歴史』（全3巻、2005年、邦訳2010年）『男らしさの歴史』（全3巻、2011年、邦訳2016-17年）『感情の歴史』（全3巻、2016-17年、邦訳2020-22年）の3大シリーズ企画の監修者も務め、多くの後続世代の歴史学者たちをまとめる存在としても活躍している。

著書に『娼婦』（1978年、邦訳1991年・新版2010年）『においの歴史』（1982年、邦訳1990年）『浜辺の誕生』（1988年、邦訳1992年）『音の風景』（1994年、邦訳1997年）『記録を残さなかった男の歴史』（1998年、邦訳1999年）『快楽の歴史』（2008年、邦訳2011年）『処女崇拝の系譜』（2014年、邦訳2018年）『草のみずみずしさ』（2018年、邦訳2021年）など。（邦訳はいずれも藤原書店）

著者紹介（掲載順、経歴は原著刊行の2013年時点のもの）

アラン・コルバン（Alain Corbin）→編者紹介参照　［序文、第1章］

クリストフ・グランジェ（Christophe Granger）　［第2章］

歴史家、オートルマン社で「実物教育」叢書を監修する。主な著書に『夏の身体』（2009年）、『ソワソンの器は存在しない、およびフランス史に関するその他の残酷な真実』（2013年）。

マルティーヌ・タボー（Martine Tabeaud）　［第3章］

パリ第1大学地理学教授、国立科学研究センターの「空間・自然・文化研究所」（UMR8185）所長を務める。

コンスタンス・ブルトワール（Constance Bourtoire）　［第3章］

パリ高等師範学校卒業、文学教授資格取得者。

ニコラ・シェーネンヴァルド（Nicolas Schoenenwald）　［第3章］

教授資格取得者、地理学博士、グランドゼコール準備学級で教鞭を執る。

アレクシ・メッツジェール（Alexis Metzger）　［第4章］

パリ第1大学、地理学博士課程。著書に『氷の快楽——黄金の世紀における冬を描いたオランダ絵画に関する試論』（エルマン社、2012年）。

リオネット・アルノダン・シェガレー（Lionette Arnodin Chegaray）　［第5章］

物語と物語作者に関する大人向け雑誌『大きな耳』編集長。霧のテーマに関して大学で研究を行なう。

監訳者紹介

小倉孝誠（おぐら・こうせい）
1956年生。慶應義塾大学教授。専門は近代フランスの文学と文化史。1987年、パリ第4大学文学博士。1988年、東京大学大学院博士課程中退。
著書に『身体の文化史』『愛の情景』『写真家ナダール』（中央公論新社）、『犯罪者の自伝を読む』（平凡社）、『革命と反動の図像学』『ゾラと近代フランス』（白水社）、『恋するフランス文学』（慶應義塾大学出版会）、『歴史をどう語るか』（法政大学出版局）など。また訳書に、コルバン『時間・欲望・恐怖』（共訳）『感性の歴史』（編訳）『音の風景』『風景と人間』『空と海』『草のみずみずしさ』（共訳）（以上藤原書店）、フローベール『紋切型辞典』（岩波文庫）など、監訳書に、コルバン他監修『身体の歴史』（全3巻、日本翻訳出版文化賞受賞）『男らしさの歴史』（全3巻）『感情の歴史』（全3巻、以上藤原書店）がある。

雨《あめ》、太陽《たいよう》、風《かぜ》——天候《てんこう》にたいする感性《かんせい》の歴史《れきし》

2022年8月30日　初版第1刷発行©

監訳者　小　倉　孝　誠
発行者　藤　原　良　雄
発行所　株式会社　藤　原　書　店

〒162-0041　東京都新宿区早稲田鶴巻町523
電　話　03（5272）0301
FAX　03（5272）0450
振　替　00160 - 4 - 17013
info@fujiwara-shoten.co.jp

印刷・製本　精文堂印刷

落丁本・乱丁本はお取替えいたします
定価はカバーに表示してあります
Printed in Japan
ISBN978-4-86578-355-1